蓋茲思維

成為微軟員工必備的思考

黃家銘——著

目

目錄

目

錄

目

錄

前言

前言

對於員工來說，公司應該是第二個家，無論是老員工還是新員工，無論是高層還是基層，身處一家公司，就有責任有所貢獻。因為只有公司有所發展，才能為員工提供更好的發展機會。

對於員工來說，義務是在自己的職位上，展現出最大的價值。這就要求我們不斷的完善自己的專業技能和不斷創新。

如今環境變遷迅速，這就要求員工必須擁有創新思維。如果一味固守既有的知識，最後只被社會拋棄，更談不上為自己帶來更多效益，因此每個人都要有終生學習的意識。

時代不斷演變，對於員工評定的標準也在不停更替，但無論怎麼變，最根本的始終都沉澱在那裡，比如心態、思考與素養等等。當然，作為一名真正意義上合格的員工，不是一件容易的事，就像人不可能盡善盡美一樣，但是只要有不斷完善的決心，合格其實並不太過遙遠。

前言

比爾蓋茲時常被問：如何做一名優秀的老闆？為了回答這個問題，他也時常思索：但他認為另一個問題也很重要：怎樣才算是一名優秀的員工？於是，比爾蓋茲在他認為「最傑出」的員工身上，找到、並總結出的八個共同特徵：

一、你必須先對自己所在的公司及產品，具備基本的熟悉程度，然後再對客戶做好充分的拜訪準備。

二、在向客戶推銷產品時，你需要以極大的興趣，與傳教士般的熱情和執著打動客戶，並了解他們欣賞、抱怨什麼。

三、當你滿足了客戶的首次使用需求後，你必須要以各種形式配合，並透過售後服務提高公司的信譽，擴大產品的市場占有率。

四、你必須學會在特定的工作環境中，努力使自己成為一名勝利者、一名對公司有價值的人。

五、在鍛鍊自己對周圍事物具有敏銳洞察力的同時，你必須具有合理的知識結構和和積極的學習態度。

六、任何一間公司都希望員工充滿效率，因此一名合格的員工必須要有良好的工作習慣，且能事半功倍。

七、對一名優秀的員工來說，要想使自己的職涯一帆風順，就要培養與同事、下屬、上司之間和諧的人際關係——這將成為別人衡量你優秀與否的重要標準。

八、必須永遠擁有一些美德，如忠誠、敬業、冒險、謙虛和責任等。

你具備了所有這八個特徵嗎？

你是否算是一名非常出色的員工？

第一條準則

你必須先對自己所在的公司及產品具備起碼的熟悉程度，然後再對客戶做好充分的拜訪準備。

盡快掌握公司情況

比爾蓋茲對本公司的員工要求十分嚴格，他說：「熟悉本公司是每個員工的必修課，因為只有熟悉本公司情況，才有可能把公司情況介紹給你的客戶，反之，必會引起客戶的懷疑。」

如果一個從事銷售工作的員工，對客戶提出的問題支支吾吾、含糊其辭或回答不上來，可以肯定這是一個剛進公司的新員工，或者是一位不了解本公司情況的老業務。這勢必給銷售工作帶來一定的難度。

因此，從事行銷工作的員工必須要了解公司的情況，包括優點和限制條件，把公司的情況重點研究、分析一遍。比爾蓋茲認為，熟悉公司的情況，通常情況下包括以下幾個方面：

第一、公司的成長歷程及聲望。

這是一個普遍存在的事實，公司的員工中（也包括業務），很少有人去留意公司的創辦人是誰，也不知道自己所在的公司在社會上類似的產業中所處的地位如何。現實生活中，很多員工所考慮的是直接和間接的利益，因為知道創辦人是誰並不會給員工帶來直接的好處。但是，作為一名公司員工，尤其是行銷人員，留意公司的創始人是誰，與行銷工作有直接關聯。

另外，有關公司背景的知識也會有助於行銷工作的順利進行。當你作為一名業務，說出公司的創辦人——一個著名的企業家的名字時，會激發人們對這些創舉人的尊敬和對貴公司產品的信任。誠如比爾蓋茲所言：「每家公司都有其獨特的理想目標和價值觀，了解這個價值觀，可以在基本上增進業務的忠誠度和工作熱情。」因為這有助於讓業務覺得自己是公司的一分子，而不是公司所僱用的雇員，從而讓業務滿懷熱情熱情的投入工作。

有關公司的各種資訊資料最主要的有：公司的財務情況；生產情況；在同產業中的評價與聲望情況；產品市場占有率情況等等。

客戶通常從自身的利益考慮，健全的財務使客戶放心購買產品；客戶了解了企業的生產能力，就對產品的性能與技術水準有了大致的了解，即對產品的品質比較放心；他們更喜歡惠顧經營成功、聲望良好的公司，這樣的公司所提供的產品更可靠、更穩定；客戶購買一個公司產品時，不僅希望運輸方便、交貨準確迅速，而且希望產品品質好，售後服務佳。

業務了解了公司在同行中的聲望與評價，了解了客戶的基本利益要求，就能夠根據具體情況去推銷產品，揚長避短，靈活的進行行銷活動。

第二，公司主要管理層人員的姓名。

「如果你對公司主要管理層人員的情況一無所知，那你就絕對不是一名忠誠於公司的職員。」比爾蓋茲說，「特別是業務，連公司主要主管都不知道，就會引起客戶對業務的疑惑，他是否真的是那個公司的，或者是一個騙子。」因此，業務進入公司時應順便了解一下公司的人事，特別是公司主要主管以及姓名。因為公司的主要主管決定著公司的經營目標，經營方針，他們的變動往往會影響公司的對外政策。業務是在執行公司的決策，因此，業務絕對有必要對公司的管理層人事做個基本的了解。

事實上，公司的其他成員也都在支持你的行銷活動，知道他們的姓名，了解他們所負責的工作之後，當你遇到困難或有不尋常的狀況時，更有助於行銷活動的進行。例如：當一位客戶對產品有特殊的要求時，你可以直接找負責這方面的領導者，如果你熟悉他們，同樣他們也熟悉你，事情會順利得多。

總之，業務對公司了解得越多，客戶對業務的信賴度也就越高。相反，客戶不可能對一個了解本公司情況甚至和自己差不多的業務產生信任感。

第三、公司服務的敏捷度。

客戶購買產品時，當然要求品質是一流的，同時希望售後服務也是一流的。如果客戶所訂購的產品要透過運送方式送到他手中，那麼他對公司的敏捷度的要求就非常高了。客戶所希望的不僅是送貨及時，而且要準確無誤。如果送貨有差錯，就可能影響公司形象，甚至趕走客戶，使行銷工作無法進行下去。有時被媒體曝光，負面影響將會更大。

第四、公司的運行模式與程序。

一位合格而優秀的業務，除了了解公司的歷史變革以及他的聲望之外，也必須熟知本公司現行的運行模式與程序。

了解公司現在的運行模式以及未來的長遠目標，就熟悉了公司生產什麼、生產多少、怎樣生產、生產能力以及今後將要生產什麼樣的產品。在面對客戶時，業務可以應對自如，不至於驚慌失措。假如你向客戶做了超越你職權範圍以外的承諾時，一定會感到很失體面，因為你不可能達到所要求的程度。

在行銷過程中，一般客戶都要求公司有良好的信用條件，公司必須守信用、遵守合約，產品運送必須及時準確。而這些必須建立在業務對這些基本知識的掌握之上，才能在行銷的過程中及時的利用優惠條件來吸引客戶，引發客戶的購買欲。

第五、公司的社會責任活動。

公司執行自己的社會責任政策，在大眾的心目中留下良好的印象，這就有利於行銷工作的順利開展。如果公司對外部環境產生了不良影響。業務應該採取措施來消除這些影響。比爾蓋茲認為，「消除公司在社會大眾面前的不良影響，是每個員工的職責所在。」

很多公司一般都透過贊助公共活動，包括體育活動和文化活動，以及贊助社會福利事業來擴大公司的知名度。如美國邁波里坦人壽保險公司，常常提供免費的實用健康與衛生手冊。當然這項活動是十分有益而且有利可圖的，因為人們的壽命越長，他們滯後支付保險費的時間就越長，公司的獲利就越多。

公司的社會責任活動儘管是公司的一項非正式的活動，但經常舉辦一些福利性公益活動，能給大眾留下美好的印象，會在無形中增加對公司產品的信任度。業務應熟悉上述情況，利用公司的社會責任活動來促進行銷工作。

第六、公司的未來發展目標。

了解公司的未來發展目標，可以幫助業務沿著行銷之路勇往直前。行銷不是盲目的，它是業務將特定產品銷售出去的過程，業務必須了解公司的未來發展目標，以滿足客戶日益提高的要求。

在比爾蓋茲所著的《擁抱未來》*The Road Ahead* 中，他一次又一次的告誡人們，科學技術的進步將會給人們的生活帶來巨大的影響，而人們要不斷適應這種時代的變化，而不要坐等未來，失去自我發展的良好時機。比爾蓋茲說：「未來幾年最大進步之一，便是從個人電腦到各種大小的智慧工具的發展。你會目睹從呼叫器、手機到筆記型電腦、電子書的一切事物。所有這些都將和網路相連，連接方式嚴密，而且對使用者透明。總有一天軟體會使電腦學會說、聽、看和學習。將來如果我們回頭看看今天的個人電腦和軟體，會發現它們難以置信的幾乎都實現。」

從比爾蓋茲的這些言談中，可以看出他對未來電腦的發展前景做出了超前的展望，這為他領導的微軟的決策提供了依據。而假定你作為一名微軟銷售人員，你必須從決策層的談話以及發展規律中了解和體會產品對客戶的影響，才能做好自身的行銷工作。

公司計畫的任何改變，都將影響本公司的盈利。因此，業務有責任了解公司計畫的改變，在進行行銷中說明。這些改變常常是很重要的關鍵點，公司某些計畫的改變，對客戶的影響是很大的，會波及業務的工作，直接影響其行銷的效果。假如公司正計劃擴充服務中心，這對客戶是很有吸引力的。因為客戶關心產品的運輸、維修情況。再假設你的公司計劃改變產品的設計與價格，對客戶而言，這些都非常重要的情報。客戶最終進行購物決策時，決定於他的購買力，而購買力直接用價格來衡量。產品的設計對於客戶來說也是重要的，當一個為人們所熟知的產品改變設計時，公司要考慮人們的接受能力。

總之，業務必須熟悉有可能影響客戶，以及影響客戶購買決策的任何改變，以利於行銷工作的進行。

你了解公司的產品嗎？

如果你早已做過行銷工作，你肯定聽說過這樣一句話：做產品的「產品」，也就是說你要做產品的代言人並且使用它。做產品的代言人的前提是你必須了解你的產品，但實際情況卻不盡如此，很多行銷人員不明白自己工作的意義。

有人做過這樣一項調查：對一百名專業推銷人員提出這樣一個問題：你推銷的是什麼？結果所得到的答案有諸如「金融服務」、「健美產品」、「就業機會」、「電腦」等等。其實比較正確的回答應是：「使客戶在處理金融業務時順暢舒適」、「透過自身努力提高了自尊」、「自己選擇盈利產業的自由」、「既能提高貴公司形象又能省時、省錢的辦法」。

你能看出不同嗎?作為一名專業業務，你首先要意識到推銷的不是產品和服務，而是帶給客戶的好處和對客戶的作用。如果這種好處和作用來自於你的親身經歷，那麼你對產品特色的陳述就會比較容易得到他們的信任。如果你開著一輛雪佛蘭高級轎車卻試圖向人們推銷福特牌轎車，你就會失去他們的信任——即使他們也喜愛高級轎車。

由於不完全了解自己所推銷的產品以至於在推銷過程中失敗的例子並不少見。曾有一家大電訊公司的幾個推銷員拜訪了一家公司，該公司由於電話銷售業務量的成長需要增加數條電話線路。推銷員們進行了數次拜訪，給公司老闆提供了許多裝幀精美的小冊子，投入了大量的時間和精力——包括一兩次午餐。在他們經過漫長的推銷過程即將獲得成功時，這位老闆向他們提出了關於新線路安裝的一些問題，諸如會給他的企業帶來多長停工期，對施工安裝有什麼要求和其他相關事宜，結果發現控制箱大於所允許的安裝空間，所以不得不拆掉一面牆，再增加一條電纜。這樣一來，該公司的停工期會多延長數日，預算投資也就自然要追加。最終他們失去了這樁交易。

這些推銷員的失誤之處就在於只把注意力放在對推銷有吸引力的電話、增加線路的便利、內線通話等一些特點上，而沒有想到顯然也沒有意識到構成整個交易的其他因素。而如果他們對產品的了解更加全面，就會問到安裝地點或設備需要的合理空間，就能夠評價客戶的需要並找到與設施配套的零件，就能夠得到這樣一個新客戶，即使找不到，他們至少可以感謝老闆的合作並轉向下一位客戶而不至於浪費那麼多時間。

所以，作為推銷員必須對自己的產品有一個完全的了解。當然你不可能把所要推銷的產品都了解得一清二楚，沒有人讓你做這方面的專家和工程師，但至少你要了解大部分，尤其是關鍵的部分。而關鍵的部分包括哪些呢？

第一、你的產品與客戶的消費需求之間的關係

產品與客戶有密切關係，客戶購買產品是為了滿足自己的需要，產品是客戶的消費品。為了說明這一點，讓我們假設你是一名行銷照相器材的業務。照相機和許多產品一樣，它有各式各樣的型號與價格。作為一個業務，你必須了解，客戶購買照相機的目的是什麼，他們需要照相機做何用途，是為了個人享受，還是為了職業上的需要。

無論如何，業務必須對客戶有一定程度的了解，了解客戶的需求、願望和動機。因此，業務根據客戶的不同需要，行銷不同的產品，這樣有利於提高業務的行銷效率。

第二、你的產品的品質和價格。

客戶最關心的就是產品的品質和價格。他們總是努力尋找著品質與價格的最佳契合

點，追求物美價廉的產品，所以作為業務，一定要了解產品的品質和價格。

產品的定價要和產品的品質相符。但是，產品價格要適當，產品才能夠賣出去。定價必須考慮社會平均消費水準，否則定價過高，產品就會銷售不出去。

客戶購買產品的動機是不同的，因而他們會購買不同型號、不同價格的產品。有的客戶購買產品是考慮到價格低廉，而有的客戶是為了經久耐用，還有的客戶是追求豪華，他們要求產品多功能、高性能。因此，業務對產品要有充分的了解，針對不同的客戶，行銷不同價位的產品。

第三、你的產品的用途及其局限性。

作為一個優秀的業務，你一定要非常了解自己行銷的產品的優缺點。因為只有這樣，你才能既向客戶介紹產品的優點，指出產品缺陷的原因，突出特點，讓客戶透過對比做出選擇。

作為業務，對於客戶提出的有關操作的各種問題，都必須能夠回答。在上面的例子中，你必須回答：拍攝照片時的距離如何，氣溫在攝氏零度以下時，照相機的功能是否仍完好如初；為了防止意外的曝光，照相機是否附有測光表，照相機的前端是否附有單獨的X裝置，以及EP與X終端裝置，以便裝上閃光燈使用等等。

第四、你的產品保養方法。

客戶在購買產品時，有權向業務打聽產品各方面的情況。特別是產品的保養方法。因為在一般情況下，客戶購買一件產品，不希望它短期內報廢，必須有合理的使用期。因此，客戶對產品的必要保養可能會很感興趣。你的產品需要何種維護與潤滑？需要使用電池嗎？電池的壽命能夠維持多久呢？照相機需要任何的特別保養嗎？如果需要服務的話，客戶需要採取什麼樣的行動呢？產品本身附有什麼保證嗎？面對這些問題，業務必須事先了解產品的功能，以及所需要的保養措施。這樣做，也能避免你在客戶面前出洋相。

綜上所述，要成為一個優秀的業務必須非常了解自己所要行銷的產品，而且這個產品不是狹義上的，而是作為整體概念的產品。它不僅是無形的也是有形的。它不僅要給予客戶生理上的、物質上的滿足，而且要給予心理上、精神上的滿足。產品的整體觀念展現了以客戶為中心的現代行銷觀念。作為一個業務，必須滿足客戶各方面的要求，只有這樣，才能提高企業的聲譽和效益。

既然了解自己所推銷的產品如此重要，那麼透過哪些途徑才能了解產品呢？

第一、培訓會。

比爾蓋茲說：「不單是電腦產業，任何產業的發展都可能會有瓶頸狀況出現，因此我們不得不培訓大量人員，使他們了解產品工作狀況，然後再由他們告訴給客戶。」

一些比較正規的大型公司的管理部門會為新雇員召開培訓會，此外，你所推銷產品的製造商或銷售商也會主持培訓，至少是為新產品培訓。所以如果你是新員工，要盡可能參加每期培訓會，多多請教那些知識豐富、技巧純熟的人。拿著你編寫的產品資訊目錄，看看是否需要增加補充。

無論何時何地，請千萬不要浪費這樣一個能使你成長見識、提高技藝的寶貴機會。你沒有問的問題也許恰恰就是你的客戶第二天要向你提出的問題。「我，呃——要回去問一下。」這種答覆會使你失去許多業務。

再者，就算你的客戶所提問題超出了常規範圍，你也必須馬上表明會幫忙查詢，然後把他的問題寫在你的筆記本上。這樣不但讓客戶看到你渴望滿足他的需求，讓他得到心理上的滿足，而且也為你下次再與他會面創造了一個極佳的理由。

在必要情況下，你也可以請教有關專家，哪些類型的商業公司使用這種產品，或需要這種服務，以及他們最關心的可能提出的問題都有哪些，這有助於開發潛在的客戶資源，而且你也不會在客戶提問時一無所知。

第二、產品宣傳冊。

參考產品宣傳冊是獲得產品資訊的一個重要手段。如果產品宣傳冊缺少重要資訊，要確保你手邊有補充資訊。閱讀後，你將對你之所學感到驚訝。因為，在閱讀這些資料時，你的腦海裡就可能會產生與某公司或某類客戶打交道的細節遐想。所以你要每天學習這些資料，請家人提出資料中的有關問題，直到你能透過最嚴格的考試為止。

第三、自己的感覺。

你推銷的若是有形產品，你就可以利用自己的感覺來獲得產品資訊。比如汽車你可親自開出去兜兜風；電腦你可測試系統和軟體功能；食物可以嚐嚐是否真的符合口味；玩具則可以讓小孩玩玩，看有何種功能用途等等，從這些方法中，你都可以了解到產品的使用方法、用途及競爭力。

當你竭誠的對客戶服務時，你可以想一想客戶是怎樣配合的。服務於客戶的許多好主意，都來自於用新奇的眼光看待公司的人們。

第四、公司的同事。

現在的公司一般會為新雇員指派一名有經驗的人進行短期培訓。一個有經驗的人能幫你了解公司的產品嗎？

你更好的了解產品，使你更好的為客戶服務。在你與有經驗的人外出時，要利用這一寶貴時間趕緊學習，觀察他們如何準備，注意他們的心態、言談舉止以及他們問候、應付客戶的方式，學習他們怎樣用生動的語言創造氣氛，怎樣展示產品優點，怎樣最終判斷潛在客戶是否樂意繼續合作以及怎樣感謝客戶的訂貨。

需要注意的是，在與他交談時，你要有禮貌而且不要占用他太多時間，不然他不但不會教給你有用的東西，而且還有可能會向你大發脾氣。所以你要以誠懇的態度，誠心誠意的向他請教。你可以像下面這個推銷員一樣請教同事：

A：你好，B！今天怎麼樣？

B：好極了。

A：喂，B，我正在推銷XRG型機器，我的客戶詢問有關磁選機的性能情況，你的客戶中有使用這種機器的嗎？

B：當然有。K實業公司一直在使用。你所要注意的唯一一點就是把機器速度調到每分鐘二十至四十轉，這是最佳速度。慢了，會發生故障；快了，生產線的另一端就不能很好的進行分離。

A：哦，這些知識太重要了！還有別的建議嗎？

徑中得到的。

因此，千萬不要忘了自己的同事，他們所知道的一些產品資訊有時你是無法從其他途徑中得到的。

第五、客戶的回饋資訊。

毋庸置疑，客戶的回饋資訊是一個更重要的產品資訊來源，因為他已經使用過你公司的產品或服務，對其優缺點比較熟悉。所以如有可能，你可以擬訂一個名單，給名單上的人打電話，做一做產品調查，詢問他們對產品的意見，如產品性能如何，他們最喜歡什麼，最不喜歡什麼，以及他們對朋友如何談論該產品等等。

另外，一個友好的電話和一些問題可以讓他們記住你——他們的推銷員。我們不是生活在靜止的世界中，其他推銷員很可能正在打電話給你的客戶，你恰好可以從中學會怎樣滿足客戶們的需求。

下面就是一個比較成功的透過電話了解產品資訊的案例：

M：早安，N先生。我是M。我想了解一下您對一個月前裝的 T-B 有什麼意見。

N：你好，M，它非常適合他們的工作流程，而且每個人都進行了上缸培訓。與我們從前用過的 T-A 型相比，工人們似乎對這台機器的速度更滿意。

M：這麼說，機器的速度處於最佳狀態了？

N：是的。據我了解，研究與開發部的人正在探討輸出功率特性。我猜想他們已經找到了控制裝置的調節方法，這種方法能夠滿足他們各種具體需要，產品的效果比培訓時所介紹的更好。

M：真的嗎？那我一定要了解一下這些控制裝置是什麼樣的，我應該向誰打聽呢？

客戶資料夠全面，先贏一半

對拜訪準客戶前的準備是十分必要的，因為你對準客戶了解得越多，越能增加你行銷的信心。而信心往往是會感染的，客戶感覺到你的信心，也會受到你的情緒上的影響而對你產生信心。

一個人一天能夠充分運用的時間只有二十四小時，而其中能用於工作的最多只有十小時左右。行銷人員必須在這段時間內，訪問自己負責的老客戶和新客戶，完成銷售計畫。

時代發展至今，資訊以成為重要的策略資源，成為人類共同的巨大財富，它對一項事業可起榮枯興衰之力，對一個企業具有沉浮成敗之功。誰擁有高水準、高品質的資訊，誰就能在未來的市場激戰中立於不敗之地。正如喬·吉拉德所說：「如果你想把東西賣給某人，你就應該盡自己的力量去那裡收集他的與你生意有關的情報，不論你行銷的是什麼東西，如果你每天肯花一點時間來了解自己的客戶，做好準備，鋪平道路，那麼，你就不愁沒有自己的客戶。」

任何一個公司，優秀的業務總是善於收集客戶的資料，他們把大部分行銷活動變成自己的「家庭作業」，然後信心百倍的敲開客戶的大門。日本經濟社以一千名業務為對象，就行銷活動時間分配所做的調查顯示：業務每天活動的時間為九小時三十分，其中與客戶面談的時間為兩小時二十分，占整個時間的百分之二十四點六，而收集客戶資料等接近客戶的準備時間為一小時四十九分，占百分之十九。

潛在客戶的詳盡資料，可使業務在行銷中占據主動的位。比爾蓋茲也這樣說：「你對客戶情況了解得越透澈，你的工作就越容易開展，就越容易取得成功，越容易收到事半功倍的效果。」

下面介紹一下潛在客戶詳盡資料的準備內容：個體資料的準備和團體資料的準備。

第一、個體資料的準備。

姓名。人們對姓名非常敏感，若在這裡犯錯誤，可能要付出很大的代價。

一位業務幾次前去拜訪某廠長均未見到，於是給廠長留了張便條。他聽說廠長姓「周」，便提筆寫了個「鄒」，結果惹惱了廠長，後果可想而知。

籍貫。在行銷工作中，利用同鄉關係攀情交友，是許多業務的成功之道。俗話說：貨賣「熟」家嘛。

學歷和經歷。對於業務來說，了解客戶的學歷或經歷將有助於與其寒暄，拉近雙方間的距離，在恰當的時間，再提出你拜訪的目的，成交也就水到渠成了。

一位業務了解到客戶和自己一樣，都曾在部隊裡當過話務員，於是當他和客戶一見面，就談起來收發報，雙方談得津津有味，最後在愉快的氣氛中達成了交易。

家庭背景。了解客戶的家庭背景，投其所好，對症下藥，也是不少業務贏得成功的「殺手鐧」。

一位業務了解到客戶的兒子喜歡集郵，在與客戶見面時就送上了一些郵票，迅速得到了客戶的好感。

性格癖好。了解客戶的性格癖好，並對其加以讚美，也是一些業務博得對方好感的手段之一，你做到了這一點，也就離行銷的成功不遠了。

一位業務走進廠長的辦公室，發現廠長愛好書法，寫的掛畫掛在辦公室裡，馬上稱讚廠長的書法有功力，然後與廠長就書法交流心得體會，最後這位業務得到了訂單。

當然，以上這些都是業務要掌握的最基本的內容，此外，還要了解對方的民族、住址、職稱等等。總之，對你所拜訪的準客戶掌握的資訊資料越廣泛，你的銷售工作就越順利，越容易成功。

第二、團體資料的準備。

團體資料主要包括：

經營狀況。主要了解對方的資訊情況。業務千萬不要與不講信用的公司和個人打交道，否則，你的主要任務就不是行銷，而變成忙於討債了。只要有資金實力，只要對方講信用，不論其目前是否有現金，都可進行交易。

採購慣例。主要了解對方在做出購買決策時所涉及的人有哪些，如發起者、影響者、購買者、使用者、決策者等，你只要打通上述環節，成交並非難事。

其他。為了贏得行銷的成功，行銷人員除了要了解以上的資訊之外，還需了解對方諸如企業名稱性質、規模、內部人事關係等方面的資訊。

「行銷前先推銷自己」

「行銷前先推銷自己」，這是美國汽車行銷大王喬．吉拉德的一句行銷名言。

當有人向喬．吉拉德請教他的成功祕訣時，他這樣回答：「跟其他人一樣，我並沒有什麼訣竅。我只是在行銷世界上最好的產品，就是這樣，我在推銷喬．吉拉德。你得懂得行銷你自己，這是一條最基本的行銷原則，每一個業務開始工作時都得學會這一點，因為人們更願意與自己喜歡的人做生意。」

在行銷生涯中，喬．吉拉德努力做到讓每一位客戶心甘情願到他那裡去買車，即使是一位五年沒見過面的客戶，只要踏進喬．吉拉德的門檻，他都會熱情的接待你，讓你覺得他非常想念你，他從來沒有忘記你。

對於熱情真誠的對待客戶這一點，喬．吉拉德說：「你知道，真誠是你從書本上讀不到的東西，只可意會，不可言傳，你得學會自然，人們喜歡誠實的人，一個業務必須誠實並且處處為客戶著想。打個比方，你知道是什麼東西造就一家生意興隆的餐館的嗎？是一傳十、十傳百的聲譽，是那些偉大的餐館的廚師呈上的愛心和熱情。」

喬．吉拉德這樣說，也是這樣做的。他每賣一輛車，都力爭使客戶像剛走出一家餐館時一樣感到心滿意足。買過他汽車的客戶也都這麼說，他們認為喬．吉拉德做事認真，待人熱情，從而喜歡從他那裡買車。

微軟為了打開市場，採取的是一種「培育市場」的長線式發展方式。比爾蓋茲認為：

「為了使更多的人使用本公司產品，你必須要採取一種有效方式，讓他認可你的產品並接受你的服務。」為此，他決定與大學合作，成立微軟大學，為科技人員及用戶開辦短期高水準技術培訓課程，提高科技人員及使用者的軟體發展和應用水準。這一舉措反映強烈，讓更多的人接受了微軟的產品和服務。

喬·吉拉德深有感觸的說：「不管你是行銷保險、汽車、房地產或其他任何東西，你都必須充分了解你的客戶！許多業務不費心思的去了解客戶，不努力去與客戶交朋友，當然客戶不會喜歡從這種業務手裡買東西，因為人是有感情的動物。你必須向客戶表示出你的敬意，他才會購買你行銷的產品。試想。客戶為什麼要在一個不了解、不關心他的業務那裡花掉一筆錢呢？做銷售這一行，你必須向客戶提一些問題以便了解他們。去了解客戶……這是行銷的關鍵！」

喬·吉拉德在行銷汽車時對客戶關懷備至，他堅信客戶交錢把車開走只是行銷工作的開始而非結束。對此，喬·吉拉德說：「銷售工作是神聖的。我認為你是我的客戶，你就屬於我，而不是屬於我的工作或是我的公司，客戶就是我的一部分。我總是讓客戶明白這一點。」

若客戶購買的車出了問題，喬·吉拉德會約定時間，讓他們來公司修理。客戶來了以後，喬．吉拉德竭盡所能提供幫助。他首先搞清楚誰能解決問題。如果售後服務部不能解決，他就找其他部門。如果有必要，喬．吉拉德會一直找到公司的董事長。人們也許會說：「當然，他能做到因為他的名字是喬．吉拉德。」其實，以前喬．吉拉德這個名字對他來說沒有任何特殊意義，但是他始終遵循的一條原則就是「我一定要為客戶解決問題」。

「我相信如果你對客戶付出真情，客戶一定會回報你，為你拉來更多的生意，因為他滿意你的服務，在你這裡，他能夠得到滿足。業務都應該這樣做，人人都不願意人家像對待傻瓜那樣對待自己。」喬．吉拉德顯然成功的把自己行銷給了他的客戶。他的客戶們沒有忘記他，一九七六年回頭客占他的行銷額的百分之六十，這在行銷界是不多見的。

從喬．吉拉德的成功中我們體會到了推銷自己的重要性，所以業務永遠要站在產品的前面，推銷產品之前，首先要推銷自己。當你把自己行銷出去之後，就不用擔心產品行銷不出去了。

沒有期待，不受傷害

在約見客戶之前有心理準備的話，心情會比較輕鬆，態度也會從容不迫，特別在遭遇蠻不講理的客戶時，也較能從容應對。

第一、做好遭受冷落的準備。

請問，假如你是某公司的採購老闆，業務給你打電話時，你有何反應呢？覺得受到干擾？瞧不起他而產生厭惡感？產生對抗的氣氛？採取防衛的態度？

如果上述的答案你都回答「是」的話，那就對了，凡事將心比心，你就會成為處理難題的高手了。

既然客戶是你的衣食父母，既然你的打擾會妨礙客戶的工作，既然客戶偶爾會情緒不佳，那麼受到一點冷遇又算得了什麼呢！所以，在你約見客戶之前，心理上要做好受冷遇的準備，甚至要做好最壞的打算，比如：被客戶罵一通或是「砰」一下客戶就把電話掛斷等等，這樣在客戶真的冷遇你的時候，也就沒有什麼可「傷心」的了。

第二、做好遭受拒絕的準備。

如果你在約見之前，毫無承受失敗的心理準備，萬一訪問失敗時，可能會經不起打擊，悲傷自責，喪失信心以致打退堂鼓。

業務必須具備頑強的奮鬥精神，不能因客戶的「拒絕」而一蹶不振、垂頭喪氣，而應該有被拒絕的心理準備，心理上要能坦然接受拒絕，並視每一次拒絕為一個新的開始，最後達到行銷成功。

「失敗乃成功之母」、「勝敗乃兵家常事」，軍人沒有充分的心理準備，一上陣就會心慌意亂。業務與其逃避拒絕，不如抱著被拒絕的心理準備，去爭取一下。行銷前好好研究應對策略，如：客戶可能怎樣拒絕、為什麼要拒絕、如何對付拒絕等等問題。那麼，你就能反敗為勝，獲得成功。

第三、要努力克服恐懼心理。

事實上，一個熱心的客戶的名字天天擺在你桌子上，但莫名其妙的是，你就是不想拿起電話，這其中最根本的原因就是你對約見客戶有一種恐懼害怕心理。那麼究竟怎樣才能從心理上克服這些困難呢？這首先必須了解客戶不喜歡業務的原因，其實原因也不外乎這樣幾點：

①由於業務精神不振，使客戶瞧不起。

②客戶情緒不佳。

③客戶正忙得不可開交，討厭業務的打擾。

④對業務的第一感覺不佳。

⑤對業務存在偏見。

那麼，應如何消除這些因素的影響呢？可以參考以下的做法：

①擺正對銷售工作的正確認識。先肯定推銷是自己、公司與客戶三者均得其利的一件好事，才會產生自信心，也才能以不卑不亢的態度與客戶應對，客戶也會尊重你。

②培訓敏銳的觀察力。當一個人情緒不佳時，原本極為友善的人，也會變得不可理喻。具有敏銳觀察力的業務，只要感覺客戶情緒不對，就會立刻停止約見，只有不懂得察言觀色的業務，才會固執的打擾客戶。當然，其遭遇之慘，就可想而知了。

③給客戶一個良好的第一印象。要給客戶良好的第一印象的首要之處是友善的態度，要表現友善的態度最好的辦法是微笑。真誠的發自內心的微笑就算是在電話裡客戶也能「聽」到。

④努力消除客戶對自己的偏見。要消除客戶的偏見實非易事，它要求推銷員有耐心、毅力以及鍥而不捨的精神。

除了上述幾點做法外，推銷員還必須記得要把「我能給你帶來好處」或「我能夠替你解決難題」這樣的資訊迅速明確的傳達給對方，這樣你的約見才有成功的可能。

想說服客戶?先相信自己

比爾蓋茲說：「你的心理能夠設想和相信什麼，你就能用積極的心態去獲得什麼。」

信念，是業務應具有的基本素養。下面這個例子深刻的展現了這一點。

在一次與友人的談話中，湯瑪斯無意間在還未三思之下便脫口說道：「如果你們公司要再蓋一座這麼高大的旅館的話，我要做你們的合夥人。」在說這句話之後他感到有些尷尬燥熱，因為「麥克阿爾派」在英國是一個頗具地位的古老家族，而湯瑪斯只不過是一個初入旅館業的「菜鳥」罷了。湯瑪斯的父親是波蘭移民，在移入多倫多後便以泥水匠為職，湯瑪斯便是在這種建築背景下長大。他三十三歲時，在多倫多管理兩家旅館，除此之外，僅有的經驗是曾經經營過一間住宅建設公司。而今，他竟然建議「麥克阿爾派」家族在未來的聯合投資上成為他的合夥人！

後來湯瑪斯很驚訝的得知，他的朋友真的向他在倫敦的頂頭上司傳達這個資訊，數週之後這位上司撥電話給湯瑪斯：「湯瑪斯先生，我們有件事想和你談談。我們為一項倫敦的房地產方案籌備了十年之久，一直未有進展，如果你有興趣……」

湯瑪斯咽了一口口水說：「我非常有興趣。」並告訴他，「我很樂意飛到倫敦和你談談。」

在倫敦的第一次會晤中，湯瑪斯得知「麥克阿爾派」在位居入口要位的「漢米頓廣場」上，擁有三百二十個房間的中價位旅館，他們認為一棟具有小型房間與廉價收費的旅館，是這塊土地最實際的利用方式。

「我很想和你們一起做生意，」湯瑪斯說，「但是我想要蓋一棟豪華級的旅館，就像『多爾賈斯特』一樣。」

「倫敦已經有太多像『多爾賈斯特』這樣的旅館了，」他們告訴湯瑪斯說，「再來一棟新飯店是無法和這些既有的旅館競爭的，我們無法建造出那種富麗堂皇與懾人氣勢的旅館，因此新飯店的前景會很黯淡。」

這便是湯瑪斯和「麥克阿爾派」的第一次會晤經過。雖然他們對要建造何種旅館抱持著相反的看法，至少他們已經會晤了，這便是一個開始。

數月之後，湯瑪斯接獲了吉洛德．葛諾佛的來電。葛諾佛是一名六十多歲的可愛紳士，經過日後的交往，令湯瑪斯十分的崇仰和敬重，湯瑪斯相當珍視他們之間的友誼。葛諾佛是一名典型的英國人——幾乎就是平常在漫畫上所看到的那種英國紳士；待人無懈可擊，冷面幽默也有吸引人之處。具備法律背景，負責照顧「麥克阿爾派」的許多房地產事務，並在湯瑪斯和「麥克阿爾派」組織之間擔任聯絡人。

「我想和你談談，湯瑪斯先生。」葛諾佛以他那活力十足的英國腔說道，「你有興趣到倫敦來與我會面嗎？」

「當然有興趣，葛諾佛先生。」湯瑪斯熱烈的回答道。在敲定會晤日期之後，湯瑪斯在前一晚起程飛往倫敦。由於時差的關係，當他抵達倫敦時，已是次日清晨八九點了，而這只是未來漫長時日中，湯瑪斯多次搭機會晤葛諾佛的其中一趟而已。他幾乎都來去匆匆，只做一兩天的停留，生理時鐘也似乎總來不及加以調整。

湯瑪斯和葛諾佛的會晤十分融洽，一點也不像他事業生涯中所經歷的其他商業性會談那麼形式化。他們吃一頓午餐要花上兩個小時，有時候葛諾佛對湯瑪斯本身的興趣，似乎還比討論正事的興趣要濃厚。午餐過後，他們會到辦公室或俱樂部，繼續他們的談話。

在一次的會談中，湯瑪斯解釋說他認為一間豪華級的旅館一定會成功。「這是一座繁忙的都市，」湯瑪斯對葛諾佛說，「今天清晨當我駛入倫敦時，我看到人群像蜂潮般從每一個方向湧入了這個蜂窩。每一名來自北美洲的旅客一定會拜訪歐洲三大城——倫敦、巴黎和羅馬。」一九六〇年代的倫敦就像一九四〇年代的紐約一樣，是世界上最令人感到興奮的都市之一，湯瑪斯無法想像一座現代化的設施會在這座都市遭遇挫折。不幸的，他手上並沒有任何調查資料或商業資訊可以支持他的感覺。

接下來六年裡，湯瑪斯做了許多趟倫敦飛行，有幾次只停留了一天。葛諾佛不時的打電話對他說：「你得來一趟……」然後湯瑪斯便跳上飛機去與他碰面。沒有例外的，湯瑪斯每次都帶著「麥克阿爾派」不會感興趣的印象返回多倫多，他對他的同事說：「我想這次生意是泡湯了。」然而情況一再反覆，只要葛諾佛沒有說出「不」，他就繼續的飛向倫敦。

在一次特別的倫敦之行中，湯瑪斯再次向葛諾佛建議要建造一棟兩百三十間房間的豪華飯店，而不是「麥克阿爾派」所建議的三百二十間房間的中價位旅館。「反正現存的旅館競爭已相當激烈，」葛諾佛回答說，「我們不在乎冒這個險來試試你的建議。」

「我自信我的建議十分正確，」湯瑪斯告訴葛諾佛，「我願意支付你們公司在建造那棟三百多間房間的飯店之後，所需的那筆住房收費。」當湯瑪斯又補充另一句時，猜想葛諾佛可能認為自己是魯莽草率的人吧：「我會帶我自己的建築師到倫敦來設計一棟我想要的飯店，此外，再具備更多寬敞的公用區域，我們會有一座美輪美奐的大飯店！」

在說完這番話之後，葛諾佛便以「那名瘋狂的加拿大人」稱呼湯瑪斯了。對他們來說，湯瑪斯的提議毫無意義，他們那批專家與顧問中，也沒有一個人認為湯瑪斯的建議可行。他們的共識是，倫敦不需要再多一間豪華飯店。

所以湯瑪斯再一次返回了多倫多，他的同事也再一次安慰了他，過了不久，葛諾佛又來電：「我希望你到這裡來和我的一些朋友共進午餐。」

「你叫我橫越大西洋去和你共進午餐？」湯瑪斯不可置信的問。

「我希望我們在建立生意關係之前，我的朋友能有機會認識你。」

「好吧，」湯瑪斯說，「你的朋友是誰？」

「就是官員杜克先生和他的顧問們。」葛諾佛說。

湯瑪斯在約定好的清晨抵達倫敦，而他們的午餐就在倫敦金融區的一家私人紳士俱樂部中進行，時間是十一時四十五分整，到場的人士共有十八位。先上桌的是雞尾酒，接下來才是正式午宴。餐畢，每個人都倚靠在座椅上享受葡萄酒與雪茄。過了一段不算短的靜默時段，杜克的一名顧問說道：「湯瑪斯先生，我知道你是以貴賓的身分參加我們這次午宴的，」他暫停了一下說：「我們希望你對一些事務發表一下意見。」

接著他遞給湯瑪斯三個討論的主題，包括對加拿大總理特魯多、加拿大政府以及某些複雜商務的看法。

湯瑪斯霎時呆住了，先前完全不知道會被要求對這些主題發表意見，而今已是眾人的焦點所在，所以只好開口表示一些意見了。然而事後湯瑪斯一點也不記得他說了什麼。

在他們駛回旅館的途中，湯瑪斯問：「葛諾佛先生，你為什麼事先不警告我一聲，就讓我陷入那種局面？你當然知道我可能會讓你感到丟臉。那些是你的朋友，我可能不會再見到他們，而你不同，你會再與他們見面，他們也許會對你和這個年輕小夥子做生意而感到奇怪。」

葛諾佛對湯瑪斯說：「我親愛的孩子，這的確不夠光明正大。」他溫馨的對湯瑪斯報以一笑後說道，「但是我對你滿懷信心，我知道你的舉止絕對不會讓我丟臉。」

同樣的，這次特別的倫敦之行也沒有任何具體的成果。他們繼續商談，湯瑪斯繼續飛往倫敦。接著有一天，他接獲了一個難忘的電話，同樣是葛諾佛打來的：「我親愛的孩子，我要你帶著你太太過來，我們可以見見她，然後討論一下事情。」

所以湯瑪斯和太太飛到了倫敦。有太太同行，湯瑪斯感到十分舒服，因為湯瑪斯太太是很有意思的一個人。她擁有一項令人驚異的稟賦，她對她看到、讀到或聽到底每一件事都記憶猶新；此外，她也創造力豐富的人，最特別的是她還能言善道，無疑是參加晚宴時最迷人的同伴。

湯瑪斯和太太同時受邀請參加一場在葛諾佛宅邸中舉行的正式晚宴。在那群彬彬有禮的英國企業界人士中，羅莎莉是唯一的女性。他們倆一直努力不要在這場異常正式的晚宴上出醜。

晚餐過後，移至客廳閒聊，按照慣例，葡萄酒與雪茄又送了上來。

「雪茄？湯瑪斯先生。」

「不，謝謝你。」湯瑪斯回答道。

「湯瑪斯太太？」

「是，謝謝你。」羅莎莉說，接著她拿起雪茄將它放在口中。

湯瑪斯驚訝的瞪著羅莎莉瞧，心中想著：「羅莎莉從來不抽菸。她今天到底怎麼回事？難道她要毀了生命中最重要的一筆生意不成？」

這群英國人是如此有禮貌，以至於屋內每個人的睫毛眨都不眨，似乎這是再自然不過的行為了。當羅莎莉將雪茄遞出以便侍者為她進行修剪時，湯瑪斯的心沉入了谷底。接著當侍者準備點燃它時，羅莎莉說話了：「不，謝謝你，我想我要留到以後再抽。」

房間內的每一個人突然爆笑開來。

羅莎莉一點也不忸怩作態，她十分自然的表現自己，展現她逗趣的一面。經過多年之後，湯瑪斯才了解到英國是個實事求是的民族，所以他們十分欣賞她那副自然模樣。之後湯瑪斯發現，這正是六年間所有會晤的理由。在葛諾佛與湯瑪斯開展一項長期的生意關係前，他要知道湯瑪斯是怎樣的人！

所以，公司挑選了數位建築師，然後一起飛到倫敦，一同和「麥克阿爾派」的建築師為這棟新飯店而努力。一九七〇年，倫敦這座擁有兩百三十間房間的「西元旅館」終於落成開張，同一年，它被選為歐洲的「年度最佳旅館」。從這時開始，「西元旅館」曾為世界上最成功的飯店之一。若以住房率及受費來說，在眾多競爭者中居領導地位——而這些競爭者就是「麥克阿爾派」說永遠趕不上的那一群。

在「西元旅館」獲致成功之後數年，湯瑪斯再一次與吉洛德爵士（葛諾佛那時已受封為爵士）共進晚餐，他禁不住提出那個埋在他內心許久的問題。「你代表著你的委託人（麥克阿爾派），也就是最後的決定權在於你，到底是什麼給你勇氣提供我那個機會？畢竟在那個時候，我手上沒有那筆必備的資金，你們也很清楚我一窮二白。雖然我誇下海口說要支付你們住房費用，但是假使我未能履行這項承諾，你們也沒有追索權，你們總不能從石頭中榨出血來吧。」

吉洛德爵士笑著補充道：「我親愛的小孩，我對你是深信不疑的。」

這個故事是個極佳的例子，它顯示出「信念」如何在行銷過程中屢敗屢戰。無論你的行銷是半小時，或是如同這個故事一般，耗費了數年之久，這都不是最重要的。就像湯瑪斯所說：「人們信賴的不是那張資產負債表，他們信賴的是你。他們相信你，並且倚賴你把自身所有的精力投注其上，以讓雙方的交易獲致成功，你的信念與承諾，便是他們所指望的。」

與客戶的「有效」接近

在尋找、確定了準客戶之後，行銷人員便開始接近準客戶。接近客戶是行銷的中期活動，它包括約見、拜訪準客戶，由於種種原因，業務在接近客戶時常常撲空。因此，為了有效的接近客戶，業務必須掌握一定的技巧與策略。

第一、巧妙應付不同年齡的客戶。

老年客戶。老年客戶包括老年人、寡婦、鰥夫等。他們共同的特徵就是孤寂，一般沒有朋友，業務向老年客戶行銷時他們往往會徵求朋友及家人的意見，來決定是否購買商品。因此，在做購買決定時，他們比一般人還要謹慎。

業務向這種客戶推銷商品，最重要的也是最關鍵的問題在於你必須讓他相信你的為人，這樣一來，不但可以成交而且你們還能做個朋友。

中年客戶。他們希望家庭美滿幸福，因此，他們極願為家人奮鬥。他們自有主張、決定的能力，因此，只要商品確實優良，他們便會很快買下來。

業務對這種客戶最有效的辦法是表現出對其家人的關係之意，而對其本身則予以推崇和肯定，同時說明商品與其燦爛的未來有著密不可分的關係。這樣一來，他在高興之餘，生意自然成交了。

年輕夫婦。年輕夫婦的思想樂觀，想改變現狀，因此，如果業務表現出誠心交往的態度，他們是不會拒絕的。

對於這種客戶，你應該表現出自己的熱誠，進行商品說明時，可刺激他們的購買欲望。同時，在交談時，不妨談一談彼此的生活背景、未來、情感等問題，這種親切的方式，非常有助於行銷的成功。

時尚青年。他們緊跟時代，常常站在時代的浪尖上，購買他們特別喜歡的比較時髦的產品。

業務在行銷過程中，必須闡述產品的前線性、流行性，從而博得他們的喜好與青睞。於是也就會達到你的行銷目的。

第二、輕鬆面對不同性格的客戶。

自誇自大型。這類客戶，總是認為自己比業務懂得多，也總是在自己所知道的範圍內，毫無保留的訴說。當你進行商品說明時，他也喜歡打斷你的話，說：「這些我早知道了。」

因此，面對這種客戶，你不妨布個小小的陷阱，在商品說明之後，告訴他：「我不想打擾您了，您可以自行考慮，不妨與我聯絡。」

在進行商品說明時，千萬別說得太詳細，稍作保留，讓他產生困惑，然後告訴他：「我想你對這件商品的優點已有所了解，你需要多少呢？」

斤斤計較型。事實上，這類客戶愛還價是本性所致，並非對商品或服務有實質的異議，他在考驗業務對交易條件的堅定性。這時要創造一種緊張氣氛，比如現貨不多、不久漲價、已有人上門訂購等，然後再強調商品或服務的實惠，逼誘雙管齊下，使其無法錙銖計較，爽快成交。

心懷怨恨型。這類客戶愛數落、抱怨別人的不是。一見業務上門，就不分青紅皂白的無理攻擊，將以往積怨發洩到陌生的業務身上，其中很多都是不實之詞。

從表面看，客戶好像是無理取鬧，但肯定是有原因的，至少從客戶的角度看這種發洩是合理的。業務應查明這種怨恨的原由，然後緩解這種怨恨，讓客戶得到充分的理解和同情。平息怨氣之後的客戶也許從此會對業務有了認同感。

思考置疑型。這種思考型客戶在行銷人員向他介紹商品時常仔細的分析業務的為人，想探知業務的態度是否真誠。面對這種客戶，最好的辦法是你必須很注意的聽取他說的每一句話，而且銘記在心，然後再從他的言詞中，推斷出他的想法。

與此同時，你必須誠懇而有禮貌的與他交談，你的態度必須謙和而有分寸，千萬別露出一副迫不及待的樣子。不過，在解說商品特性和公司策略時，則必須熱情的予以說明。

故意拖延型。業務在進行面談說服時，這類客戶傾聽十分仔細，回答也很合作，並有成交信號出現。但要求他做購買決定時，則推三阻四，讓業務無計可施。這類客戶臨事不斷，定有隱情。應付之道就是尋求其不做決定的真正原因，然後再對症下藥，有的放矢。

自我滿足型。這類客戶喜歡在他人面前誇耀自己的財富，但並不代表他真的有錢，實際上他可能很拮据。雖然他也知道有錢並不是什麼了不起的事情，不過，他唯有誇耀來增強自己的信心。

對這種客戶，在他炫耀自己的財富時，你必須恭維他，表示想跟他交朋友。然後，在接近或成交階段，你可以這麼問他：「你可以先付訂金，餘款改天再付！」這種說法，一方面可以顧全他的面子，另一方面也可讓他有周轉的時間。

虛情假意型。這類客戶表面上非常友善，比較合作，有問必答。但實際上他們對購買缺少誠意和興趣，如業務請求購買商品，則閃爍其詞，裝聾作啞。如果業務不識別此類客戶真實面目，往往會花費大量的時間、精力與其交往，直到最後空手而歸。鑒別這類客戶需要業務的經驗和功力。

少語寡言型。這類客戶遇事沉著冷靜，對業務的談話雖注意傾聽，但反應冷淡，其內心感受不得而知。這也是一類比較理性的客戶。業務首先要用「詢問」的技巧探求客戶內心活動，並且著重以理服人，同時使自己的言談話語讓對方接受，提高自己在客戶心中的地位。

保守頑固型。思想保守、固執，不易受外界的干擾或他人的勸導而改變消費行為或態度。表現為習慣與熟悉的業務來往，長期惠顧於一種品牌和商品。對於現狀，常持滿意態度，即使有不滿，也能容忍，不輕易顯露人前。業務必須尋求其對現狀不滿的地方和原因，然後仔細分析自己的行銷建議中的實惠和價值，請客戶嘗試接受新的交易產品。

敏感內向型。這類客戶很神經質，很怕與業務有所接觸，一旦接觸，則喜歡東張西望，不專注於同一方向。這類客戶在交談時，便顯得困惑不已，坐立不安，心中老嘀咕著：他會不會問一些尷尬的事呢？

另一方面，他深知自己極易被說服，因此總是很害怕在業務面前出現。

對於這種客戶，你必須謹慎而穩重，細心的觀察他，坦率的稱讚他的優點，與他建立值得信賴的友誼。

第三、透過禮物接近客戶。

業務接近客戶的時間十分短暫，利用贈送禮品的方法來接近對方，以引起客戶的注意和興趣，效果也非常明顯。

在行銷過程中，行銷人員向客戶贈送適當的禮品，是為了表示祝賀、慰問、感激的心意，並不是為了滿足某人的欲望，或顯示自己的富有。所以在選擇禮品時，應挑選一些紀念意義強、具有一定特色又美觀實用的物品。

下面這一案例就是巧妙的用禮物接近客戶的方法。

地中海俱樂部在尋找新公關公司的消息傳開後，想要吸引這家大戶公司的公關人員立即蜂擁而至，總計有二十五家公關公司之多。

其中一家公司的業務非常聰明，因為他心裡明白，如果要讓公司保有一絲希望，他必須想出一個有創意的點子。泛泛之流的手段於事無補，非得要給人「既有創意，消息又靈通」的第一印象才行。這位業務考慮了數日之後，想出了一個自認能夠捷足先登的方法。

他請專人送了一盒禮物給這家公司的副總裁。盒子裡裝了各式各樣的速食麥片、即溶咖啡、即食布丁、速成馬鈴薯泥、瞬間膠、瞬間染髮劑、即成指甲，還有一罐濃縮的柳橙汁。在盒子裡他附上了一張手寫的紙條，上面寫著：

「利用這些速成產品，您也許可以在繁忙的一天中抽出幾分鐘打個電話給我。」

第二天早上，地中海俱樂部的副總裁打電話來，要業務給他們工作做一次簡介。結果這位業務贏得了「地中海俱樂部」這家客戶。

第四、臨場實驗法接近客戶。

在現代行銷活動中，有些場合可以用臨場實驗的方法接近客戶。例如：一個業務進入客戶的辦公室後，彬彬有禮的向主人打過招呼，然後指著一塊黏著汙垢的玻璃說：「讓我用新進軍市場的玻璃清潔劑擦一下這塊玻璃。」果然，塗上這種清潔劑可以毫不費力把玻璃擦洗乾淨。這一番表演立即引起客戶的興趣，紛紛上前打聽業務手中的新產品。

「我可以使用一下您的打字機嗎？」一個陌生人推開門，探著頭問。在得到主人同意後，他徑直走到打字機前坐下來，在幾張紙中間，他分別夾了八張複寫紙，並把它捲進了打字機。

「您用普通的複寫紙能複寫得這麼清楚嗎？」他站起來，順手把紙分給辦公室每一位工作人員，又把打在紙上的字句大聲朗讀了一遍。毋庸置疑，來人是上門推銷複寫紙的業務，疑惑之餘，主人很快被這複寫紙吸引住了。

不言而喻，業務當場獲得了這家謄印社一份數額可觀的訂貨合約。

第五、好奇法接近客戶。

好奇接近法是指行銷人員利用準客戶的好奇心理達到接近客戶之目的方法。

在實際行銷過程中，當與準客戶見面之初，行銷人員可透過各種巧妙的方法來喚起客戶的好奇心，引起其注意和興趣，然後從中說出推銷產品的利益，轉入行銷面談。喚起好奇心的方法多種多樣，但行銷人員應做到得心應手，運用自如。

某大百貨公司老闆曾多次拒絕一位服飾業務，原因是該店多年來使用另一家公司的服飾品，老闆認為沒有利用改變這固有的使用關係。後來這位服飾業務在一次行銷訪問時，首先遞給老闆一張備忘錄，上面寫著：「你能否給我十分就一個經營問題提一點建議？」這張便條引起了老闆的好奇心，業務被請進門來。拿出一種新式領帶給老闆看，並要求老闆為這種產品報一個公道的價格。老闆仔細的檢查了每一件產品，然後做出了認真的答覆，業務也進行了一番講解。眼看十分鐘時間快到，業務拎起皮包要走。然而老闆要求再看看那些領帶，並且按照業務自己報的價格訂購了一大批貨，這個價格略低於老闆本人所報價格。

可見，好奇接近法有助於業務順利透過客戶周圍的祕書、接待人員及其他有關職員的阻攔，敲開客戶的大門。

商業鉅子如何開發新客戶

實例一：原一平巧用電話約見

作為推銷員，相信對原一平不會陌生。其推銷業績顯著，被譽為推銷界的「推銷之神」，他對預約客戶的辦法可謂瞭若指掌。

有一天，原一平去拜訪一位熟朋友，當事情辦妥之後，彼此聊天聊到遺產稅的問題。那位朋友說：「捐稅這個問題啊，說來也真夠麻煩的。我有一個朋友，他是電器產品的大商人，生意做得好，可以對捐稅的問題卻一竅不通，最近為了要繼承他父親的遺產，而傷透了腦筋。」

「您那位朋友尊姓大名啊？」

「他名叫I，他的公司就叫I電器公司，滿有名氣的，你應該聽過吧！」

「哦，I電器公司，我知道。」

「他就是I電器公司的總經理啊！」

一聽到這句話，原一平全身都興奮起來。

朋友又說：「I一家人都跟電器結下了不解之緣。I的表哥Y，也是電器產品的大商人，生意也做得很大，聽說I早年還在Y處當學徒，學做生意呢！」

聽到這裡，原一平再也坐不住了，匆匆向朋友告辭，立刻開始調查I電器公司與Y電器公司。

幾天之後，原一平打電話到Y公司。

「I器公司，您好！」

「您好！請接I總經理。」

「請問您是……」

「我是原一平。」

「原先生請稍等一下。」

在等待的時間裡，原一平從話筒中聽到對方忙碌的聲音，生意似乎滿好的。

「我是I，請問您是……」

「I總經理您好，我是明治保險公司的原一平，今天冒昧的打電話給您，是因為我聽說您正熱心研究遺產稅的問題，剛好，我對遺產稅這個問題下過一番功夫，所以很想跟您研究研究。」

「不錯，我對遺產稅的問題很有興趣，不過，您是聽誰說的啊？」

I總經理的聲音充滿驚異。

「我是從貴公司的客戶G那邊聽來的。」

「G先生？」

I總經理似乎在想G先生是哪一位客戶。

其實原一平根本不知道G先生是不是I公司的客戶，原一平是一時胡謅的。不過原一平實在顧不了那麼多了，目前最重要的是言歸正傳——遺產稅問題。

「請教I總經理，您是否研究過憲法第○○條所規定的財產權問題與民法第○○項的繼承問題呢？」

「法律方面的問題相當複雜，一般人都沒有時間去研究，不過若不先想不通這些基本法令的話，常會有意想不到的損失，所以要格外小心才是。」

說到這裡，原一平停了下來，等待對方的反應。

「唔！您說得很有道理。」

聽I先生的口氣，已對原一平的談話產生濃厚的興趣，只要再順水推舟的推一下就可以了。

「所以我想跟您討論這些基本法律的問題，進而研究與此相關的遺產稅的問題，不知您是否願意與我見一面呢？」

「關於遺產稅的問題，我也下了一點功夫，不過約個時間聽聽您的高見也好。」

原一平想，趁I總經理未改變主意之前，趕緊約定見面的時間。

原一平不卑不亢的說：「我一定遵命拜訪，不過我的約會也很多，無法立刻去拜訪您。我想請教一下，下個星期或下下個星期，不知您哪一天方便呢？」

「唔……下個星期五好嗎？」

「幾點鐘呢？」

「上午九點到十點之間。」

「好！我一定準時前往，謝謝！」

就這樣，原一平成功的預約到了這位新客戶，最後成交了一筆大保險。相信從該例中，你對電話預約的技巧應該有所領悟了吧？但不管怎樣你都要記住一點，那就是在電話中盡量不要多談自己所推銷的服務或產品，而應多說對方感興趣的話題，贏得他的信任，只要能和對方面談，離成功就不遠了。

實例二：法蘭克的「五分鐘」妙計

推銷員法蘭克也是一名很成功的推銷員，其業績在公司經常名列前茅，我們看一看他的預約妙計。

推銷員：亞雷先生，您好。我叫法蘭克，是理查．富立克的朋友。您認識理查吧！

亞雷：是的。

推銷員：亞雷先生，我目前是一家人壽保險的推銷員，理查很熱心的向我介紹您。我知道您非常忙，但仍希望在本週裡選一天和您見面，大約只花您五分鐘。

亞雷：你為什麼想見我？談保險嗎？我一週前才投保一筆金額。

推銷員：我向您保證，並非這回事。如果我有意賣您商品，那必是應您之請。不曉得明早九點左右，我是否可以去拜訪您五分鐘？

亞雷：好吧。請您九點十五分前來。

推銷員：謝謝您，亞雷先生，明天見。

隔天法蘭克在他辦公室裡與他握手後，就拿下手錶說：「由於您九點半有一項會議，我必須控制時間，在五分之內結束。」

隨後，他便精簡的提出問題，五分鐘過後說：「我的五分鐘已經到了，您想不想說說您的意見？」接下來的十分鐘，亞雷先生把所有推銷員想知道的都傾囊相告。

就這樣他借著五分鐘的談話，引出對方長達一小時的談話，到最後，法蘭克已得知有關他的種種事蹟。

因此，你只要不斷揣摩客戶心理，一般都能預約成功。雖然有很多客戶拒絕了你，但只要你堅持到底、永不放棄，上天總會厚待你的，說不定下一個客戶就會成為你的大客戶呢！

第二條準則

在向你的客戶推銷新產品時，你需要以極大的興趣和傳教士般的熱情和執著打動客戶，了解他們欣賞什麼，抱怨什麼。

只要細微的失誤，就能讓你前功盡棄

微軟在創辦初期之所以取得成功，這和比爾蓋茲每次與客戶談判所表現出的良好的第一印象是分不開的。他那孩子般的形象，悠然自得，待人是那樣的輕鬆和自然，能給對方一種寬鬆的氣氛，使雙方都十分隨和。這使得雙方的談判進展得十分順利。

首次拜訪新客戶時，第一印象至關重要。但行銷人員往往沒有足夠的時間來展示起專業化的職業形象。據有關調查資料顯示：客戶一般在八秒的時間裡形成對業務的印象，並認定其是否值得進一步了解，因此業務對這八秒的時間一定要善於利用。

第一、要注意自身的儀表裝扮。

業務給客戶的第一印象首先是你的儀表裝扮。在你尚未開口說話，客戶對你一無所知之前，客戶首先看到的是你的儀表與裝扮，並留下印象。

可以說，儀表決定了客戶對你第一印象的好壞，如果你一開始就想給客戶留下好印象，你就必須注意自己的儀表。

從另外一個叫角度講，儀表如何也代表了你的公司的形象和實力，若你給客戶一種極差的印象，那麼客戶就會認為你們公司的形象也極差而且沒有實力。

松下幸之助有一次去理髮店理髮，那時他不修邊幅，頭髮亂蓬蓬的，皮鞋也不擦亮，像個邋遢老頭。這些企業開拓者忘我工作，大多是不顧及個人享受與衣著的。當理髮師談話中得知這位糟老頭就是大名鼎鼎的松下公司總裁時，不禁大吃一驚，然後十分嚴肅的對他說：「您這樣不注意自己的外表怎麼行呢？您不僅僅是松下先生，也是公司的象徵呀，別人從您身上看到的是松下公司的形象。總裁這樣邋遢，公司還會好嗎？」

由此可見，一個儀容不整、不修邊幅的人，連自己外表都整理不好，就絕不要指望別人對他有好感。

此外，業務的儀表還會延伸到一些小道具，如名片、樣本以及通訊錄等。若業務翻遍自己的衣袋後遞上一張皺巴巴、髒兮兮的名片，從破舊的公事包裡拿出一份凌亂的、字跡模糊的報價單時，就已經給潛在客戶留下了極差的第一印象，甚至於經過千方百計、千辛萬苦得到的面談機會就這麼「毀於一旦」。在循序漸進的銷售過程中，任何一件事不是強化與提升就是削弱與降低業務的自我形象。業務一定要注意：即使細微的失誤也會使你前功盡棄。

業務的著裝原則上應穩重大方，向大眾看齊，一定要避免奇裝異服或過於花俏，那對推銷只會有害無益。

服飾穿戴，請把握以下這些原則：

①花錢適當。在經濟條件許可之下，盡量購買質料較好的衣服，既耐穿，又好看。

②尺寸適中。衣服大小應合身，不宜太寬或太窄小。

③衣褲搭配得當。上衣與長褲、領帶、手帕、襪子等均應搭配得當，使人覺得輕鬆、端莊。

④素色為宜。衣服顏色不宜鮮豔，否則易有輕浮之感，因此應以素色為宜。

⑤經常燙洗。襯衫應天天換洗，西裝應定期熨燙，汙垢與皺褶惹人討厭，必須天天保持乾淨、挺拔。

⑥選擇飾品。項鍊、戒指、手鐲、皮帶、打火機、鋼筆等，也要注意與自己的身分相符。

⑦衣鞋搭配。在不同場合，鞋子也要有不同的選擇。若穿皮鞋，務必擦亮。

其次要注意修飾自己的儀容。實際操作時要注意下面幾點內容：

①照照鏡子，針對自己儀容的特點，做出修飾計畫並付諸實行。

②牙齒畸形，臉部有嚴重的缺陷，應當有針對性的施以手術。

③忌戴墨鏡和變色鏡，因為只有讓客戶看得見業務的眼睛，才能使他相信你的言行。

④指甲不能太長，指甲內不能有汙垢，並注意不要染香菸熏黃手指，而且應整修臉面。不但每天要洗臉，鬍子也務必刮乾淨，那樣會讓你看上去整潔有精神。

穿西服時要注意這三點原則：

①領帶的選擇要平實。

②皮鞋的挑選要講究。

③襯衫的搭配要合適。

第二、要注意握手。

與潛在客戶握手時需要注意避免幾種錯誤的握手方式：

①是軟綿綿的如同「死魚手」，表明沒有能力或者沒有誠意。

②是捏得對方骨頭痛，顯得具有攻擊性與缺乏教養。

③是緊握不放，顯得有些糾纏不休。握手要堅定、短促而有力，同時微笑著注視對方的眼睛，避免僅僅握著對方的指尖。

第三、要注意用目光和對方交流。

透過目光交流也可以使你了解他對你本身以及所推銷的產品或服務的感受。所以當你見到潛在客戶時，目光中應充滿熱情與誠意，傳遞出堅定與執著。但要注意，若目光接觸太長，會使潛在客戶感到咄咄逼人或者具有攻擊性；若目光接觸時間過短，會使潛在客戶感到你心不在焉或者局促不安。一般而言，每次目光接觸應以平均不超過兩秒，然後再轉移一下目標為佳。

第四、要注意自己的行為禮儀。

不同的坐姿與站姿傳遞著不同的資訊。面對潛在客戶時，如果業務弓著背坐著，雙腿併攏，並且不由自主的顫抖著，那就好像對潛在客戶說：「我很緊張。」而業務如果懶散的、身體往後躺在椅背上，顯得過於自信或隨意，也會令潛在客戶不太舒服。因為潛在客戶往往是透過身體姿態來評價業務是如何看待自己以及他所銷售的產品或服務的。

正確的做法是：在客戶面前站或坐都身體筆直，略微前傾，因為這不僅反映出銷售人員的自信、能幹、尊嚴和熱情，也反映了業務具有良好的修養和品味，是對客戶的一種尊重。

名片的遞送也是一個大有學問的問題。當你向潛在客戶遞名片時，一定要雙手遞上，名字的正面朝向對方，以便對方看清你的姓名、職業等。而當你接受對方遞給你的名片時，則必須留意自己的動作，不能一眼都不看就把它塞進皮夾裡，那樣對客戶而言，你是不禮貌的。在客戶和你交換名片時你應該謹慎的、自覺的把上面的內容看一遍，名片上的資料千萬不可忽視，也許對你來說，一張名片就意味著一個機會，客戶的名片對你來說不是毫無價值的一張紙，它有時是一個拓展業務的「通行證」。

總之，業務在首次拜訪潛在客戶時要做到上述幾點要求，只有如此，才能給對方留下良好的第一印象，才能讓你有與對方交談的可能，才會不至於讓客戶見第一面後再也不想看你第二眼。

我憑什麼要買你的產品？

業務與客戶之間的關係是透過產品建立起來的，因此介紹產品知識就成為業務拜訪客戶時的一項重要內容。如果你能很專業並非常準確的介紹產品，那麼對行銷成功將是大有裨益的。

作為一名行銷人員，要想把產品銷售出去就必須先了解對方的需求，然後再有目的、有針對性的誘導他，激發他的購買欲望，從而做出購買決策。這需要經歷四個階段，有人稱之為「AIDA」理論，即：吸引注意（Attention），引起興趣（Interest），刺激欲望（Desire），採取行動（Action）。

該理論要求你的介紹首先必須能引起客戶的注意，使之專心聽講。如果客戶根本沒注意你的談話，那麼銷售就無法進行下去。

其次，在客戶注意聽你的產品介紹時，要求你的說明必須生動有趣，滿足客戶需要，進而引起他的注意。

最後，你的講解，必須讓客戶參與進來，並讓他感到能給他帶來某種利益，從而刺激他的欲望，進而採取購買的行動。

因此，依據該理論的要求，業務在拜訪客戶，進行產品介紹時要遵循以下三項原則：

第一、首先了解客戶需求。

一個業務連對方的需求都不知道就去介紹產品，並大力宣傳產品的優點和性能，這被實際證明純粹是在做無用功。有些業務之所以會屢屢碰壁就是因為該原因。

例如有一位叫湯姆的業務，他在一家視聽器材與設備公司服務。湯姆在進行推銷說明時，一開始就說：「露絲女士，我很樂意向您介紹這部網路投影機的最大特點，那就是自然的灰色。本公司開發人員認為，灰色確實可使網路投影機更醒目。同時我還要強調其比許多其他網路投影機更好的特別優點之一，就是它可以低於標準的速度來操作。」

行銷的結果是儘管湯姆費了九牛二虎之力去介紹產品，但仍沒有推銷成功。錯在哪裡呢？其實錯就錯在湯姆只一味的強調灰色與操作速度富有變化性的優點，並自認為有利於推銷，卻沒有做試探性的工作。試探是為了了解客戶的需求、欲望以及態度等有關情況。

露絲女士只因為湯姆的感覺，就認為灰色是一個顯著的特徵嗎？露絲女士需要一部速度比標準快的網路投影機嗎？除非湯姆做了試探，否則很難知道這些事。

你有時重點強調的某些東西對客戶來說，可能並不重要。所以業務必須細心試探，以確實了解客戶的需求。

第二、將產品特徵與優點融入對方的需求之中。

了解清楚客戶的需求之後，業務的主要目標之一，是要把產品的特徵、優點，轉換成與準客戶的需求有關的利益。

例如：對一位汽車業務來說，在行銷說明階段中，已經得知準客戶的預算不多，而你有一部可以滿足這種經濟需求的汽車，其特徵是四汽缸引擎，優點是同量的汽油可比其他汽車跑更遠的路程。如何把這些因素融入準客戶的利益裡去呢？基本上而言，這兩項因素因為降低了行駛成本，而顯示了優點，即：每加侖汽油可行駛更多里程的優點，或降低行駛成本的優點。而最後一項降低成本，將是影響準客戶購買決策的最主要因素。

第三、將「說服」作為贏得客戶的主要手段。

準客戶有反對意見在行銷活動中是很正常的。如果對你的行銷沒有任何反對意見，他有可能連聽都沒有聽你的行銷說明，因此，準確的說，「說服」主要是對客戶的反對意見、疑慮等進行說服。

這就要求業務必須熱誠的歡迎客戶提出反對意見，反對意見能使你更準確的了解準客戶的需求與態度。

而當面對客戶的疑慮時，你就應該盡量用證實性的語言去說服他。引用報刊報導，以權威論述及實際操作來說服他，可基本上消除客戶的疑慮。

向你的客戶介紹產品時，基本步驟的掌握也很重要。任何一個購買者，他在做出購買決定前，都會在心裡問自己這樣幾個問題：

- 我真的需要此產品嗎？
- 此產品是滿足我個人需求最好的解答嗎？
- 是最合適的公司及產品嗎？
- 這是合適的價錢嗎？

業務對這四個問題的回答，也就是產品說明的四個步驟。因此，在你做產品介紹必須站在對方的立場上，從對方的角度出發去想問題，才能使你的行銷成功有所保證。

在對產品進行介紹時，最重要的一步是如何將產品功能轉化為客戶的利益。產品功能是指產品或服務的特性或品質。而客戶利益是經由使用產品或服務所得的個人利益。你要知道，每一位客戶在做出最後購買決定前，都會問一個重要的問題，那就是「它對我有什麼好處？」因為客戶購買的不只是實體的產品，他買的是利益。所以業務必須創新的學習將功能轉為利益，這其中的區別在於：

· 一般業務賣衣服，有創意的業務賣的是個人的外形；
· 一般業務賣人壽保險，有創意的業務賣的是親人的保障；
· 一般業務賣家庭產品，有創意的業務賣的是解決日常煩悶工作的方法；
· 一般業務賣書，有創意的業務賣知識的價值；
· 一般業務賣廣告，有創意的業務賣利益的保障。

在向客戶介紹產品時，只有將功能轉化為利益，才能激發其興趣，引導他做出購買決定。一般來講，如果要想成功的將功能轉化為利益，必須經過這樣三個步驟：

步驟一：列出產品功能。

步驟二：決定此功能能為客戶做些什麼。

步驟三：向你的客戶解說此產品如何利於使用。

用公式表示就是：功能＋實行＝買主利益

依據這三個步驟為基礎向客戶做產品介紹時，就可以較容易的實現從產品功能向客戶利益的轉化。

在實際行銷工作中，無論採用何種步驟、選擇何種方法介紹產品，都必須注意這樣幾個問題：

①本公司產品知識。

這一點在第一條準則中已有論述，作為業務如果不了解產品知識，那麼行銷就是「無源之水」。而且由於技術發展日新月異，新產品不斷出現，各國的同類新產品更是層出不窮，因此，一個優秀的行銷人員應努力學習，不斷更新、充實自己的產品知識，否則會被可戶輕視，也就根本難以接近客戶。

②產品的效用。

產品的效用和產品的價格之間關係密切，一般價格高的產品，效用也大，當然不盡然。有時產品價格很低，但效用卻很大；有的價格很高，效用卻很低。這就要求業務必須明確產品的效用。那麼產品究竟有哪些效用呢？

身分效用。例如對方是一位董事長，則選購汽車必須是進口或國產一流轎車。因此業務必須針對這一點，以「這個東西最適合您的身分、地位」等言詞來刺激對方的購買欲。

享受效用。例如：一家人開車去享受假期、用CD來欣賞音樂、室內安裝空調機等皆是人在利用產品來享受生活的實例。依據這一點，業務可以「能使家人共度快樂假期」、「能使全家人每天過著健康的生活」等言詞來吸引對方購買產品。

經濟效用。例如：電腦硬體、軟體、網路系統、影印機、自動工作機等產品都有節省人力、時間的效果，業務可依產品所具有的效用向客戶說：「有了這樣東西可以減少貴公司在時間、勞力上的花費，更可利用所省下的時間做其他的工作。」

心理效用。幾乎每個人都有虛榮心，只是表現得明顯或不明顯而已。所以業務可透過細心觀察對方是否屬於有較強虛榮心的人，若是，就可以「為了讓生活過得多彩多姿，花這點點錢是值得的」等言詞來吸引對方購買。

增益效用。其實，幾乎每一種商品都是為了增加收益，因此當行銷那些大型工具的時候，針對客戶的心理，業務應提供對方具體的數字，以表示使用該產品前後，對方損失及收益的情形。

總之，以上所講述的這些，都是希望幫助你能夠設法提高你的客戶的購買欲望。一個好的行銷人員必須在理論的基礎上外加自身的努力工作，才會不斷體驗和總結出更適合自身工作的新方法和新途徑。

客戶問題一大堆！怎麼辦？

對業務來說，異議可能意味著客戶對行銷商品非常感興趣，他們希望能更多的了解；也可能意味著客戶對商品存在著某種顧慮，一旦消除顧慮便會採取購買行動。

那麼，你要做的是：

第一、了解客戶異議的原由。

在行銷活動中，行銷障礙主要表現為客戶異議。客戶異議一般劃分為下述幾種類型：

① **需求異議**。需求異議是指客戶認為不需要產品而形成的一種反對意見。它往往是在行銷人員向客戶介紹產品之後，客戶當面拒絕的反應。例如：一位女客戶提出：「我的臉部皮膚很好，我根本不需要它。」「這種產品我們用不上。」「我們已經有了。」等等。這類異議有真有假，行銷人員應認真判斷客戶需求異議的真偽性，對虛假需求異議的客戶，設法讓他覺得推銷產品提供的利益和服務，符合客戶的需

求，使之動心，再進行行銷。

② **財力異議**。財力異議是指客戶認為缺乏貨幣支付能力的異議。例如：「產品不錯，可惜無錢購買。」「近來資金周轉困難，不能進貨了。」等等。行銷人員可根據具體情況，或協助對方解決支付能力問題，如答應賒銷、延期付款等，或透過說服客戶使客戶覺得購買機會難得而負債購買。

③ **權力異議**。權力異議是指客戶以缺乏購買決策權為理由而提出的一種反對意見。例如：客戶說：「做不了主。」「主管不在。」等等。與需求異議和財力異議一樣，權力異議也有真實或虛假之分。行銷人員必須根據自己掌握的有關情況對權力異議進行認真分析和妥善處理。

④ **價格異議**。價格異議是指客戶以推銷商品價格過高而拒絕購買的異議。無論產品的價格怎樣，總有些人會說價格太高、不合理或者比競爭者的價格高。例如：「太貴了，我買不起。」「我想買一種便宜點的型號。」「在這方面你們的價格不合理。」等等。當客戶提出價格異議，表明他對推銷產品有購買意向，只是對產品價格不滿意，而進行討價還價。對你來說，這是個機會，要好好把握。

⑤ **產品異議**。產品異議是指客戶認為產品本身不能滿足自己的需要而形成的一種反對

意見。例如：「我不喜歡這種顏色。」「這個產品造型太古板。」「新產品品質都不太穩定。」還有對產品的設計、功能、結構、樣式、型號等等提出異議。為此，行銷人員一定要充分掌握產品知識，能夠準確、詳細的向客戶介紹產品的使用價值及其利益，從而消除客戶的異議。

⑥**業務異議**。業務異議是指客戶認為不應該向某個行銷人員購買推銷產品的異議。比如：「我要買XX的。」「對不起，請貴公司另派一名行銷人員來。」等等。行銷人員對客戶應以誠相待，與可戶多進行感情交流，做他的知心朋友，消除異議，爭取客戶的諒解和合作。

總之，客戶異議是多種多樣的，每一位行銷工作人員對具體事件具體人物必須認真分析、妥善處理。

第二、客觀的評價客戶異議。

交易中，異議幾乎是始終置身其中的表現，它也表明對客戶重要的資訊是什麼。一旦客戶的異議明朗化，這種異議對他並不顯得太嚴重。

最難對付的客戶是他同意你說的一切，直到你要求做生意時他給你一個毫不含糊的「不」而不加任何解釋。有些人則告訴你「可以」，但就是不對「可以」採取行動。

對於業務來說憤怒、恐懼和極端激動的情感也可以是障礙。它們能阻止客戶自己很好的聽你的產品介紹。最優秀的業務懂得：在試圖對客戶施加影響之前，先給他們發洩的時間。

還有一些客戶，在你開始行銷時他們正在考慮其他的事或工作，或者對任何想法都反應冷淡。切記，在他們能全神貫注的對待你之前不要行銷。

你經常會遇到一些客戶，他們表現得無動於衷，或者懷疑你產品的效益。這種形式的障礙，通常可透過加大提供的資訊量及他們正在發生的損失或他們將從你的產品中獲收益的證明而加以解決。

有一些客戶試圖「逃路」。他們會打斷你的話，停頓，然後撤退，並變得咄咄逼人；或不用談判的言詞擋駕，如：「我已決定了，就這樣了。」

當看到客戶退卻時，大部分業務要麼退縮，要麼逼得更緊。相反的，你應該離開他一會兒使他放鬆，然後繼續以溫和持久的行銷方式進行下去。

有一些客戶以守為攻，運用自己熟悉的做法保護自己的立場，他們可能感到，如果接受了你的想法，他們就得放棄點什麼。或者，他們的防禦是一種使你處於防禦地位的嘗試，以檢驗你的說服力。

要善於發現這些防禦背後的資訊，它可能暴露出許多有關客戶和你的問題。問自己什麼原因使此人焦慮不安，致使他採取了那樣的防禦行為，你應該採取什麼步驟以調整你的行銷方式。

客戶的異議大部分是從產品開始的，產品的性能、價格以及產品的技術含量對客戶來說，確實是比較在意，當然，大部分的阻礙來自於產品價值的關心。大部分的反對，甚至「不」也只不過表達了對產品如何滿足客戶的目標或解決他的問題的疑慮。

有些反對只是因為誤解了你產品的結果，這些都很容易解決。你可以快速和直接的答覆，它們就會被克服。

業務在行銷中，不要被客戶的藉口、異議所嚇倒。對於客戶的異議，無論有無道理和事實依據，業務都不要打斷，應仔細傾聽，表現出一種歡迎的態度，以示對客戶的尊重。而尊重客戶，傾聽客戶異議，往往能讓客戶感到業務是真誠、嚴肅的對待自己所提出的問題，從而將有助於轉變其態度，建立雙方間的理解與信任，進而促成交易。

第三、掌握有效處理客戶異議的技巧。

有效處理客戶異議的技巧有很多種，主要概括為以下幾種：

①**旁敲側擊法**。業務對於客戶提出的某些異議，從正面去辯答解釋則效果往往不佳，

這是因為一則辯答頗費時間與氣力，二則正面交鋒駁斥對方，容易造成買賣之間的緊張與對立，這時，聰明的業務可以使用旁敲側擊的方法去處理客戶的不同意見。

歲末年初，某報紙徵推銷員在徵求讀者訂閱，這時有位客戶走上來提出異議：「整天忙得團團轉，下班回家做家事還來不及，哪裡有空坐下來看報紙？」如果從正面駁斥對方，推銷員勢必要在「看報紙長知識」、「如何擠時間」等方面進行說理。可是，這位聰明的業務採用了側面進攻的方法，他反問客戶：「不看報紙，您怎麼了解外面的世界呢？」客戶滿不在乎的說：「我可以聽廣播，看電視嘛！」「先生從前大概也很忙，抽不出空閒，自從買了電視機，工作就更忙了。只要有興趣，自然可以安排出一定時間來看報紙，您瞧，這份報紙內容豐富，生動有趣，絕不亞於電視節目。」這位徵推銷員接著說道：「您的想法與我朋友過去的想法一樣，可是他在訂了這份報紙之後，卻體會到看報還是一種休息方式和精神享受，如果您不信，不妨先訂半年試試看。」

在行銷辯解時，講一個旁人故事，談一件趣文軼事或者說上幾句幽默笑話，都是旁敲側擊的好辦法。客戶可從情節的寓意中領悟出道理，在啞然一笑之後體驗出對方的用心良苦。

②**有效類比法**。有效類比是比喻和類推的簡稱，常用來應付客戶提出的一些微妙意

義。例如在上門行銷時，客戶對行銷企業上次交貨緩慢而感到不滿，以致使原本可以順利成交的談判陷於僵局。於是，業務在萬不得已的情況下，只好將自己的苦衷用類比的方式告訴對方：「李老闆，你的意見我懂，嫌我們賞賜送貨太慢，耽誤了時間。但是請你想想，要是我可以飛起來就好了，接到你的電話，立即騰雲駕霧一個跟頭翻到你公司裡。可惜每位客戶都和你想法一樣，不論何時何地總能隨叫隨到。我一個人滿足了王老闆，就怠慢了張老闆，說真的，我真心希望好好為您服務，盡量滿足貴公司的要求，可惜自己不是三頭六臂，分不出身來。所以日後還請您多多指教，早些訂貨，我也會向公司反映多添些人手，加快工作效率，為像您這樣的客戶提供完備的服務，以報答大家對我們公司的支持與合作。」

在上述一番說明之中，起碼含著三個暗示：一是業務表明行銷一方為其以往提供的服務中不能盡如人意之處表示抱歉，二是提出了改進交貨緩慢狀況的可行辦法，希望客戶能合作，早訂貨多訂貨，同時也要求自己的企業增加人手，提高服務品質；三是業務的說話語氣誠懇委婉，不強加於人，表面上聽起來是在自責，其實弦外之音是勸說對方合作，建立持久的交往關係。

③**直接否定法**。以「不可能」、「開玩笑」等方式，正面否定客戶異議的方法。例如：

客戶說：「品質不錯，可總經理不在，別人做不了主。」

業務回答：「別開玩笑了，您主管經銷，自然是您說了算。」

這種方法只要處理得當，你會給對方留下坦誠無欺而又充滿自信的印象。假如您表現得唯唯諾諾，客戶倒有可能覺得你對他無禮。但此方法不能濫用，用的時候必須注意：

· 態度要誠懇友好，語氣要緩和；

· 對固執己件、氣量狹小的客戶最好不用；

· 只要買主的異議是他個人的觀點就絕不使用這種方法，否則對其本人提出了否定，只會促使他進一步固執己見。

因此，應把對付異議的直接否定法看作是一種治療絕症的鋌而走險的方法。只有老練的業務在有成功希望的情況下方可使用。

④ **舉證勸誘處理法**。舉證是理智的勸誘，勸誘是針對客戶情感的說服藝術，因此舉證勸誘可以說是與情感雙管齊下的異議化解技巧。

從行銷經驗來看，大型廠商為求得採購的安全和方便，對於供貨公司與業務合作夥伴必定要做一番周密的考察評估。所以，他們對於從未有過業務往來的陌生廠商，都會提出一些較為冷漠的問題，如「貴公司的名聲從來沒聽說過嘛！」「貴公司在我們的採購歷史上，好像從未列入有關客戶檔案裡。」「我們只與名廠名店打交道，至於你們這樣的小公司，暫不考慮訂貨。」對於此類的不同意見，業務不必臨場怯場，早早打退堂鼓，一旦碰到這樣的客戶，不妨採取這樣一些措施：

- 提供己方的實力資訊與產品成套資料；
- 要求對方首先試用所行銷的產品；
- 主動提出品質保證措施和賠償擔保證明；
- 勸說客戶實地赴廠參觀考察。

任何廠商不論其實力強弱，生產規模大小，只要能獲得大型企業的供應資格和能力證明，便能取得其他廠商與眾多客戶的充分信賴。

不要在完美結束前功虧一簣

很多業務都面臨著不知該如何結束拜訪的難題。他們不是陳腔濫調的說些廢話，就是貿然的中斷談話，還有的業務竟無法結束談話，因為他們老是認為自己還有許多情況沒有給客戶講明白。其實這幾種做法都不合適，要知道，給人第一印象只有一次機會。

那麼究竟怎麼才能有一個漂亮的結尾呢？

當然，這樣一種結尾也不容易做到，業務必須開動大腦，挖掘潛力，將你在問候客戶時所燃起的興奮火花燃燒成不滅的熱情之火……

你不妨坦誠的問自己：自己的最終印象是否很好，以至於客戶幾乎不想讓你走，甚至在與你告別後還期待著與你再見面？怎樣才能達到上述效果呢？

第一、要熱情的向對方表示感謝。

不管客戶有沒有購買你的產品，他終歸還是給了你時間，給了你注意力，他完全是為了你而耽誤了一段時間。如果他連句感謝的話都聽不到，說不定他下次就會拒絕你的拜訪。而且你在感謝對方的時候必須表現出你很高興，這樣方能顯示出對方所做的一切令你滿意。如若不然，你一臉嚴肅的結束談話，對方肯定不會再有與你談話的興致。

所以，在告別的時候不要忘記熱情的說：「祝您快樂！」也可以向客戶問路，或者對客戶那裡的東西真誠的讚美兩句。這樣可能會讓客戶覺得你還有點人情味，不僅僅是為賺他錢而來的。

第二、為下一次拜訪製造懸念。

好奇心會使人急不可待，因此在告辭的時候你不妨像連載小說裡的未完待續一樣，為下一次拜訪製造懸念，埋下伏筆，使他驚喜，使他期待著與你下一次的會面，比如：你可以這樣告訴他：「先生，你現在就可試用一下我們的產品，等我下次再來拜訪您的時候，就可以發現它已經為你們節約了那麼多能量，讓我們期待那一天的到來吧！」

第三、給客戶提出兩種選擇的可能性。

這種技巧早已司空見慣，它在今天甚至剛一提出就會遭到拒絕。那麼為什麼還要這樣呢？那是因為這兩種可能至少向客戶表明，你是關心他的。兩種可能使客戶更方便的做出選擇，決定要買的是他喜歡的那種。

「客戶先生，您是情願自己安裝呢？還是要我們的專家來幫助安裝？」

就算是提出的這兩種可能都遭到客戶拒絕，那至少也會給客戶留下一個你很尊重他的意見的印象，總比你什麼都不說要強許多，更何況有時候採用這種方法還是有一定效果的。

第四、耐心等待客戶的決定。

有人說訂單有時就靠耐心「坐等」出來，雖然這句話並不全對，但還是有一定道理的。有時沒有耐心，話說太多、太急功近利反而會「欲速則不達」。如「X先生，我並不想說服您買我們的產品，因為我們的產品優點本身就能說明問題。」這句話讓客戶聽起來就是在勸服，為什麼還說並不想說服對方呢？客戶在聽完這段話後心裡會想：「你以為我是傻子啊，想讓我上鉤，等著瞧吧！」在這樣的心理下你們的交談是不會有效果的，所以，要有耐心，不要說話太多，而且最後時刻話太多，會給客戶更多的進攻機會，反駁你的論證。

「我們儲備了一個完整的建議。」風趣的提出兩種選擇……然後沉默！給客戶說「是」的時間。訂單往往是默默中得到的。

第五、注意消除不當做法。

告別是拜訪的最後一個環節，在此環節裡一定要小心謹慎，否則就可能會「一朝不慎，滿盤皆輸」。要避免這樣幾種做法：

① **猶豫不定**。如果這樣告訴客戶：「X先生，您肯定想好好考慮一下，如果您有了什麼決定……」其實客戶正想要簽約呢，可這樣反而讓他感到沒有把握了。他可能會想到你前面的談話都是在騙他呢，所以，我們必須非常堅決，以免給客戶留下你對自己的想法都不相信的印象。

當然，客戶會留有最後的疑慮。對這些疑慮必須排除掉，因為即使到了完全相信的時候，幾乎所有人也都可能猶豫不決。這時就必須給客戶一個必要的刺激或動力，以便簽訂訂單。切忌「賣了就跑」，結束技巧也不應該是隨便的「高壓技術」，而應該是真正的幫助客戶以避免他們在最後做出錯誤的決定。

②**苦苦哀求**。如果對客戶說這樣的話：「X先生，求求你和我簽訂單吧，要不然我就無路可走了，而且我上有老，下有小，您就發發慈悲拉我一把吧。」會讓客戶覺得你很沒有骨氣，也很沒有尊嚴，而且你只在乎訂單，而不在乎客戶的興趣。你讓對方覺得，還有比你更強的競爭對手存在，你比不上別人，從而會讓客戶小瞧你，打心眼裡看不起你。

③**過度坦誠**。雖然對方也知道，你是為了得到訂單而來的。但是如果針對訂單的提問太過直白或表面化，客戶就會察覺到你的用意而掃興，比如這樣問：「我想問一問，我是否能得到訂單？」

④**目標轉移**。如果客戶可能與你簽約時，你卻告訴他：「如果您決定簽訂合約，就請您與我們內勤部門聯繫，這本產品樣本裡有他們的電話。」這樣做在今天是誰也不會理解的。

⑤**熱情有加**。對客戶熱情沒有錯，但如果熱情過了頭，就不免會有殷勤之嫌。過度殷勤的人往往讓人不可信任。因此在現實中就有很多客戶訂了東西後就因為推銷員過度殷勤而取消訂單的事情發生。他們可能會想，就是因為我買了他的東西，他才這麼好的，而一旦我不買，他肯定會立馬翻臉。當然，有時候你過度殷勤使得客戶買了你的產品，但是你

要知道，你再也不可能和他做第二次生意。所以做任何事都要切記：過猶不及。要拿捏得當，恰到好處。

總之，能夠成功的掌握結束技巧，首先取決於人們的正確態度。千萬別帶著這種感覺去客戶那裡：「看看吧，能做成什麼樣！」這樣的話，你的每個拜訪經歷都將沒有成敗是否可言。

作為業務，你還必須具備豐富的想像力。你必須能夠在眼前聯想出一個令人振奮的世界是什麼樣的。如果你帶著這種好的心情進入到談話中去，接下來客戶也必將受感染而使談話更融洽。

第六、使用率較高的結束語。

人們總結出了這樣幾句在現實中使用率非常高的結束面談語：

「那麼就請您使用看看。」

「有L型和M型，不過L型可能比較好。」

「如果您想過幾天再訂購的話，要到下個星期才送貨，所以最好還是今天訂較好。」

「反正早晚都要換，不如早一點比較好。」

「和您同行的公司幾乎都已經引進了這種設備，假如您不趕快訂購會對您公司不利。」

第三條準則

當你滿足了客戶的首次需求後，你必須要採取各種形式的配合步驟，透過售後服務來提高自身公司的信譽，擴大產品的市場占有率。

培養「顧問思維」

每年，世界上的每一家公司都在不斷建立自己的新客戶，同時也在不斷的失去自己既有的客戶，而客戶的「去」與「留」基本上是受服務的好壞影響的，於是，從事行銷或服務的工作人員，就在無形中加重了自身責任的重擔。

比爾蓋茲說：「對於未爭取到的客戶我當然表示積極，但對於得到而又失去的客戶，我只能表示遺憾。」

頂尖的業務或優秀的服務人員，一定要把自己看成是顧問而非業務，一定要有這樣一個信念：那就是我們是用產品或服務去解決客戶問題的人。我們要把自己定位為該行的專家和權威，往往以客戶的參謀、教練以及朋友的姿態出現。對客戶有著強烈的同情心，永遠站在客戶的一邊，永遠與客戶一起呼吸、同舟共濟。客戶有喜樂開心的事，要與客戶一起分享，客戶有困難需要解決，要與客戶一起解決。要將客戶當作是自己的朋友，把客戶的事當作是自己的事。

為了為你的公司，更準確的說是為你自己的客戶，你必須努力想辦法留住你的客戶。

第一、常寄感謝卡給客戶。

比爾蓋茲說：「我相信這個世界上沒有人會拒絕別人對他的感謝。別人對你的感謝是表示對你的尊重、肯定和認可。假如你不斷的對客戶表示感謝，他就會對你另眼相待。因為他會覺得他自己很重要。」

喬．吉拉德之所以成為世界上最偉大的業務，而且歷年榮獲汽車銷售領域裡的冠軍頭銜，一定有他與別人不一樣的地方。有人問喬．吉拉德成功的祕訣是什麼？他說：「有一個理念是我有而許多業務沒有的，那就是認為『真正的行銷工作開始於把商品銷售出去之後，而不是在此之前』。」

行銷成功後，喬．吉拉德立即將客戶及其與買車子有關的一切資訊，全部都記進卡片裡面。第二天，他會給買過車子的客戶寄出一張感謝卡。很多業務並沒有如此做，所以喬．吉拉德特意對客戶寄出感謝卡，客戶對感謝卡感到十分新奇，以至於對喬．吉拉德印象特別深刻。

喬．吉拉德說：「客戶是我的衣食父母，我每年都要發出一萬多張明信片，表示我對他們最真切的感謝。」

喬．吉拉德的客戶每個月都會收到一封來信。這些信都是裝在一個樸素的信封裡，但信封的顏色和大小每次都不同，每次都是喬．吉拉德精心設計的。喬．吉拉德說：「不要讓信看起來像郵寄的宣傳品，那是人們連拆都不會拆就會扔進紙簍裡去的。」

客戶一拆開喬．吉拉德寫來的信，馬上就可以看到這樣一排醒目的字眼：「您是最棒的，我相信您。」「謝謝您對我的支持，是您成就了我的生命。」一月裡他發出「喬．吉拉德祝賀您新年好」的賀卡，他二月裡給客戶發出「在喬治．華盛頓誕辰之際祝您幸福」的賀信，三月裡他發出的則是「祝聖派翠克節愉快」的賀卡，客戶都喜歡這種賀卡。

喬．吉拉德擁有每一個從他手中買過車的客戶的詳細檔案。當客戶生日那天，會收到這樣的賀卡，「親愛的比爾，生日快樂！」假如是客戶的夫人生日，同樣也會收到喬．吉拉德的賀卡：「比爾夫人，祝生日快樂。」喬．吉拉德正是靠這種方法保持和客戶的不斷聯繫。

你有為你的客戶寄出感謝卡嗎？如果沒有，請從現在開始行動。

第二、打電話對客戶表達謝意。

業務在成交後除了要給客戶寄一封感謝信之外，還要再次日上午打電話向客戶再次表示謝意。另外，你也可以在成交的當天，回到辦公室，馬上給客戶傳真一份感謝信，感謝信要設計得非常精美別緻，讓客戶有一個溫馨愜意的感覺。

在完成銷售之後，不僅行銷人員本人要打電話感謝客戶，同時還要請老闆親自打電話給客戶。因為身分的特殊，客戶會有一種被尊重的感覺。

美國氣流公司總裁萊里．哈托在這一點上做得非常出色。他會親自撥電話給客戶，他說：「我是氣流公司的總裁，我非常感謝你們的生意合作，您是我們最重要的客戶之一，我也非常樂意與您交往。您們對我們的服務有什麼意見？或有什麼問題需要和我討論，歡迎隨時打電話給我。」然後，萊里．哈托會告訴客戶他的電話專線，希望他們隨時與他聯繫。當客戶接到一位總裁親自打來的電話，而電話的內容先是感謝，而後又是詢問客戶是否對他們的產品或服務感到滿意的時候，客戶的感覺絕對不一樣。

鑒於客戶的個性的獨特性，你在打電話感謝客戶之前最好先了解客戶最喜歡的聯繫方式和聯繫時間。你只有在客戶方便的時候按照他們喜歡的方式與他們聯繫，他們才會更樂意接受你的感謝。

你要詢問客戶喜歡怎樣的方式聯繫，是電子郵件、手機簡訊還是電話。同時你還要選擇客戶方便的時間，你要避開午休、清晨、深夜、上下班時間。如果你沒考慮客戶的時間安排，隨時打電話給他，他反而會對你產生反感。

表達謝意時，一般情況下不要打客戶的手機，在有些國家地區，客戶使用手機都是雙向收費的。在這一點上，你要為客戶考慮，即使對方不在意，你也要注意盡量不要打客戶的手機，因為這可能會影響客戶的心情。實在不得已時，你一定要說：「ＸＸ先生／小姐，您好，請問您現在方便說話嗎？」「ＸＸ先生／小姐，您好，請問您的座機是多少，我打過去給您。」這樣，客戶通常會配合你的要求，並且樂意接到你的電話。

第三、百分之百為客戶著想。

比爾蓋茲強調：「在你的服務和銷售工作過程中，無論什麼原因，使你的客戶受到任何損失，或者給客戶帶來什麼不便，只要不是客戶人為的因素，你都要承擔全部的責任，客戶沒有義務為你承擔任何責任或者是損失。」

日本前首富堤義明，他經營的事業和他所領導的西武集團影響著日本的經濟。他建造的飯店被當作是日本人的臉。

在堤義明的經營理念裡，有一則非常精妙的語錄：

「經營的目的不僅僅是賺錢。賺錢永遠只是結果而不是目的。只要把你的事業做好了，錢自然而然的追隨你而來。如果把賺錢當作目的，往往就賺不到錢。我要追求的境界，是常人所達不到的，那就是『共用愉悅』。」

這就是所謂的「服務至上」。然而，堤義明要推行的「服務至上」精神遠不止於此。他不僅要求自己所經營的每一項事業為每一位客戶服務好，在更廣泛的意義上，他還希望西武企業整體為社會、為民眾服好務。堤義明把自己的事業當作民族事業來做，他是以一種振興民族、服務民眾的心態來做事的。

飯店的淡旺季是有利潤區別的。堤義明領導的休閒飯店也是一樣，休閒飯店是堤義明西武集團的一個重要組成部分，在飯店的淡季，一大群服務員替為數極少的幾個客戶服務，顯然沒有錢賺。

多數飯店對這種情況的處理方式就是關閉飯店，讓服務員去休假。以此來降低飯店的經營成本。實際上飯店的淡季加起來總共有半年左右，如果讓服務員在半年中全部放假，勢必給客人造成許多不便，達不到服務品質、服務要求。給客戶造成一種不可信任的感覺。

半年的休假，會使得飯店服務人員業務生疏，服務水準下降，不能保持飯店既有的服務水準。所以堤義明不這樣做，他採取半休息半上班的方式解決這一難題。這種半休息、半上班的態度，雖然堤義明受了一點損失，但對客人的服務時間得到了保證。

堤義明正是以這種經營與服務的理念，使得他的事業大獲全勝。當他的休閒飯店走過淡季之後，旺季一到來，他的飯店立刻門庭若市。因為他在淡季的經營方式吸引了許多的老客戶再次光顧西武飯店。

堤義明的服務有口皆碑，兩年後，堤義明飯店淡季的生意都人滿為患了。這就是百分之百為客戶著想的益處。

第四、站在客戶的角度幫助做決定。

決定有著巨大的力量，所以行銷人員在面對決定時，往往害怕做決定，尤其是害怕做出錯誤的決定。優秀的業務要善於為客戶作正確的決定，要具體分析客戶的實際情況。站在客戶的角度為客戶做決定，幫客戶所做的決定一定要對客戶是有利的，要麼是為客戶省錢，要麼是為客戶創造利潤，要麼是為客戶帶來歡樂。

首先要與客戶分享做決定的技巧，因為決定是伴隨著客戶一輩子的事。

做決定的祕訣：

① 不同的決定產生不同的結果。

② 告訴客戶做決定可以為其帶來新的方向、新的行動、新的結果。

③ 告訴客戶做決定是一件困難的事，尤其是那些重大且有真正意義的決定。同時要特別強調只有做了決定才會有行動，有行動才會有結果。

④ 讓客戶享受做決定的樂趣。

幫客戶做決定，這會幫助他們排除購買者常有的後悔感覺，大部分的購買者喜歡在買東西後得到正面的回應，以確定他們買了最正確的商品。

波士頓有一家市場企劃和傳播公司叫同謀者公司。他們永遠稟著這樣一個原則：「告訴客戶該買什麼，不該買什麼。」有一次，一位客戶想印刷一批宣傳公司的小冊子。同謀者公司就馬上通知這位客戶和其他有經驗的客戶，請他們一起來開會。他們先請有經驗的客戶談談他們自己的看法，同謀者公司非常認真仔細的為這位客戶分析利弊。看他客戶是否真的有必要訂貨，這些小冊子是否真能幫助他樹立公司形象以及加強客戶關係。然後再請這位想好了再做決定。

公司總裁卡羅．拉絲卡說：「慫恿客戶定貨當然很容易，不過在他們定貨前加上這一條，可以減少他們將來對所購得的產品的失望程度。這樣一來，同謀者公司就可以為客戶省錢，使客戶更有效率的利用資金去運作了。」

第五、主動與客戶聯繫。

從某種意義上說，一個人有多成功，關鍵要看他為多少人服務以及有多少人為他服務。任何一個人他所從事的產業都是人際關係的產業。要維持良好的人際關係、建立新的人際關係，就要不斷的、主動的與客戶聯繫。

客戶購買你的產品或服務，客戶沒有義務主動找你聯絡。所以你要不斷的以打電話、寄信、拜訪、網路交流的方式與你的客戶聯繫，以表示你對客戶的關心，你在乎他們的存在。即使是不再購買你的產品的客戶也要跟他們聯繫，你必須感謝他過去對你的支持，並請教他現在不再購買的原因。他會覺得你非常重視服務，跟你做生意會非常愉快，他可能會繼續購買你的產品。

美國十大傑出業務員、歷史上第一位一年內銷售超過十億美元的壽險業務員甘道夫，在完成銷售後，會馬上為客戶寫親筆信函，恭喜客戶做了一個聰明的決定。甘道夫每個禮拜都會利用一天的時間來跟客戶聯絡，包括潛在的客戶。他聯繫客戶的方式多種多樣，用的最多的是電話聯繫。隔一個月，他會打電話問候他的客戶。當客戶生日時，他也會寄上生日卡或聖誕卡給他的客戶。而且，在客戶向他買保險之後，他每年至少會拜訪他們一次。

他有時還寄給他的客戶每月的稅務狀況以讓他們隨時了解其最新的發展。此外，他還會寄給某位客戶可能對他有用的雜誌或報導。而且還會寄感謝函給那些提供推薦名單給他的人，不管這些推薦人最後是否向他購買保險。即使是最富有的客戶，例如擁有豪華汽車並遊遍全世界的成功專業人士或企業家，他們都曾告訴過甘道夫，說他們是多麼喜歡收到這些卡片或資訊。

甘道夫就是憑著這種獨特的服務方式取得了工作上的突出業績。

人類的感情傾向是趨同的，你與客戶走得越近，走得越勤，客戶對你的印象就越深，他就越願意購買你的產品，無論是有形的還是無形的。

第六、讓客戶隨時可以找到你。

一旦你與客戶發生業務上的關係，你與客戶就是同一條船上的人了。客戶的事也就是你的事。客戶花錢不僅是買了你的產品，買了你的服務，更買了你的為人。如果客戶在使用你的產品過程中發現了問題，事在緊急，客戶又無法找到你，客戶會作何感想呢？

對此，比爾蓋茲強調：「不管是多壞的消息，你最好都立刻告訴你的客戶。如果你延遲了，這個消息只會變得更壞。如果你對你的客戶隱瞞壞消息，也沒有任何的後續補救行動，最後將導致不幸的結果，你的客戶就會流失。」

客戶需要知道你的存在，你能帶給他們信任，你能解決他們的問題。你可以透過多種人們很熟悉的方法把這個資訊傳遞過去，不要憂心你使用的費用。你可以在你的商業名片上列出所有的聯絡方法：

·專線服務電話
·家庭電話號碼
·辦公電話號碼

．傳真號碼
．E-Mail 地址
．清楚無誤的地址
．有行車路線的文字說明：X環XX橋往南XX公尺，紅綠燈右轉，就是XX大街。
．存放車輛的資訊，哪個地方可以停車，哪個地方不可以停車。

國際上有一家大型電信顧問公司。這家公司給每一位客戶發一張公司部門員工的電話，包括董事長、總經理的電話。上面印有公司各個部門負責人的姓名、職位、工作性質、辦公電話、行動電話。而且公司的每一部電話都是直撥電話，客戶打電話進來無須轉來轉去，他們可以直接找自己想找的人。如果當事人不在，客戶可以打手機，客戶可以LINE留言，還可以找公司相關的人。而所找到的人責無旁貸的替當事人處理客戶的問題，這樣客戶的問題就可以及時得到解決。

第七、記住客戶的姓名。

如果你想運用別人的力量來幫助自己，首先要記住別人的姓名。所以，記住客戶的姓名是非常重要的。

說出客戶姓名是縮短業務與客戶距離的最簡捷的方法。當然，如果你記性不好，就要依靠客戶卡，把每一個客戶的一切資料都記錄在卡片上，隨用隨取，這對拉近你與客戶的關係，提高你的業績幫助頗多。

在日本的鹿兒島溫療勝地，旅館隨處都是，但人們總喜歡投宿於F飯店。不管是旅遊旺季還是旅遊淡季，F飯店總是門庭若市，客戶滿堂，因為這裡總能給客戶一種特別的感覺。

在F飯店裡，服務員總是把每一位客戶的皮鞋擦得乾淨光亮，而且當服務台知道你今天要外出，就把你的皮鞋送到房間，放上紙條「已擦過」，鞋子旁邊還放上一張「天氣預報」。所以，當你一面穿鞋一面計劃當天的活動安排，看到當天的天氣預報時，心中一定會非常舒暢。

當你來到飯店時，一列的服務員對你微笑、點頭、彎腰：「XX小姐，歡迎您再次光臨本店。」當你離開飯店時，從老闆到職員，都在走廊門廳處站著：「再見，XX先生，一路平安。」「再見，XX夫人，歡迎下次再來。」態度親切得甚至超過歡迎客人到來時。

更讓人驚異的是：凡是在F飯店住宿過的，哪怕只住一夜，當你一個月之後，第二次投宿F飯店，從老闆到普通職員，都能叫出你的姓名：「XX先生，好久不見了，請！請！」「XX夫人，再一次見到您非常高興，請！請！」好像你是他們多年的老客戶。

如果你問任何一個你的客戶，什麼是世界上最美妙的聲音，他們會告訴你：「聽到自己的名字從別人口中說出來，才是世界上最美妙的聲音。」可見，記住客戶的姓名是多麼重要。

客戶是這樣流失的

對於一個正在發展的公司來講，流失客戶的損失往往超出我們的想像。據美國權威顧問機構研究顯示，一位不滿意的客戶，平均會與另外十一人分享他們不快樂的經驗，有些人甚至會告訴更多的人。

因此，你必須努力使客戶滿意，以避免造成客戶流失。

第一、不對客戶說「不」。

客戶在進行消費時，會遇到各式各樣的問題來尋求服務人員的幫助，客戶服務人員在解決客戶問題的時候，千萬注意，不要對客戶說「不」，因為「不」字對客戶的傷害程度非常大。

羅伯梅德公司是美國一家日用品公司，該公司擁有四家連鎖店，數百名員工。

該公司在客戶服務方面有這樣的兩項規定：

・絕不對客戶說「不」。

・客戶離去時，必須是滿意的。

羅伯梅德公司的服務特點是，只要客戶要求送貨，羅伯梅德會馬上派人送到。羅伯梅德日用品公司的產品包括蒼蠅拍、垃圾桶等兩千五百種日用品。公司願意花相當多的時間，處理客戶對產品的抱怨問題。在處理客戶的抱怨時，從不對客戶說「不」，從不使客戶產生敵對的情緒。有一次，有位客戶來到羅伯梅德公司，抱怨說他買的電磁爐品質不好，用一兩個月就壞了。其實這位客戶的電磁爐根本就不是由羅伯梅德公司出品的，但是該公司的服務人員仍在兩天內趕到客戶家裡服務，並馬上將其他公司的次級品換掉，免費為客戶裝上自己的產品。

為什麼這些生意會自動找上羅伯梅德公司，而不會輪到其他公司呢？答案很簡單：客戶的忠誠度。

客戶的忠誠度是價格政策買不來的。只會用低價吸引客戶的公司，一旦價格提高，馬上和其他的公司沒差別，客戶轉而就會去別處購買。

每一位客戶購買產品或服務，都期望別人對他尊重，尊重他的想法，按他的意思去做，如果你用言語頂撞客戶，客戶肯定會被你激怒。所以，請不要對客戶說「不」，不要對客戶說一些使客戶不愉快的話。

注意，下面這些話語是客戶不願意聽到的：

‧這不是我的責任。

‧這個不歸我管。

‧這是我們的規定，沒辦法。

‧這是你自己的選擇。

‧你不會自己看嗎，問這麼多做什麼？

在為客戶服務時，要多使用如下用語：

‧您，你們。

‧是，好的，沒有問題，可以。

‧最好的方法是……最快的方法是……

第二、接受並處理好客戶的建議和意見。

比爾蓋茲指出，你應該和客戶成為朋友，最好的增加利潤的點子有可能來自客戶。

一線銷售人員是徵求客戶對改進生產方法和服務品質意見的最佳人選，明智的公司總是運用來自客戶的資訊來提高品質和服務。

日本有幾家大公司在產品包裝上印上這樣的標語來鼓勵客戶抱怨：默默忍受品質低劣的產品並非一種美德。

你可以請求你的客戶提出意見和建議，鼓勵他們幫助你提高服務品質。你可以採用下面的方式，以方便客戶說出他們的真實想法：

．使用投訴問卷或免費電話。
．隨機尋找一些客戶，詢問他們的想法。
．以客戶的身分去向客戶了解情況。
．傾聽。傾聽時不要帶著對抗的態度，向客戶徵求建議「我們怎麼做才好？」詢問在客戶眼中你做得怎麼樣，詢問與其他公司相比較，你們的差距在哪裡，客戶對你的期望又是什麼？

對於客戶的抱怨、投訴可做如下處理：

．抱著解決問題的態度迅速採取行動。
．立即更換有問題的產品或用最合適的方式重新提供服務。
．採取積極措施防止類似情況再次發生。

在列車上或者銀行裡都可以看到一本「客戶留言簿」，方便客戶把他們的不滿意或者意見寫下來。要知道，他們的意見是最真誠最有價值的。有沒有效果就要看你是否去實行。

第三、讓客戶感覺舒適愉快。

舒適愉快的感覺，是每個客戶在使用你的產品或享受你的服務時所追求的目標。客戶需要舒適的等候區域，需要舒適的交談方式和交談環境。當客戶得到了人性化的服務，他就會感到高興、心情很愉快。在此基礎上，公司會贏來良好的信譽和口碑，利潤也會相對的增加。

美國亞利桑那州太陽城聽力恢復中心的老闆戴安·舒爾茲在工作中發現，為中心帶來五十萬美元生意的客戶中，有相當一部分人行動不便或身體有相當程度的不適。她就想了一些辦法以便讓客戶的身體感覺舒適些，這個辦法產生了積極效果，不管是年輕人還是老年人都很受歡迎。

他們在候診室安裝有硬扶手的高背椅，使虛弱的病人或重病號起坐方便，客戶不必掙扎著從鬆軟的沙發中站起來。金屬門的把手夏天熱冬天冷，她就做了雙手套。這是聽從了一位客戶的建議，解決了問題，也使客戶感覺像到了家一樣的溫暖。

為了方便客戶購買一些急需的東西，中心特意開了一個小商店，方便客戶購買電池什麼的。而這裡所有的商品都一律以進價供應，接待員會分發給客戶一種薄荷糖，使客戶感覺很親切。舒爾茲說：「這些體貼入微的措施招來了回頭客。」

美國有一家小型美容公司，他們的表現也令人非常吃驚，他們設置了一間像住宅一樣舒適的等候室，裡面有舒適的沙發、電視機、一張咖啡桌、當期的雜誌甚至鮮花。並且他們還有一位漂亮、談吐優雅的小姐陪你聊天，為你講笑話，聆聽你的傾訴，使你內心的不愉快通通釋放。他們真正從客戶的角度來工作、來服務。

當你與客戶談判時，你可以試著邀請客戶坐在你的身邊而不是你的對面，試著用一張小圓桌作為接待櫃檯，尤其在你需要給客戶閱讀一些資料的時候更應如此。因為當桌子是圓形的時候，你不會覺得你和對方的立場相左。

最後，請你檢查客戶的舒適程度。你的客戶是否被邀請坐在一張舒適的椅子上？你的辦公室或商店是不是能讓客戶覺得輕鬆？客戶等待區域是不是提供了充分的讀物或者有電視可看？有沒有自動販賣機？售貨區域是不是保持著清潔？如果沒有，那你就要馬上努力改進。

會抱怨的客戶，才是最忠誠的客戶

一個公司或組織就像一部機器，它應該設計成其輸出時能夠回饋給輸入的模式。在微軟，回饋圈是從市場回饋到公司，從雇員回饋到管理層，之後從管理層回饋到雇員，而回饋上來的意見的主要來源則是廣大的微軟客戶。

微軟技術支援部門廣泛收集客戶資訊，他們想法設法哪怕是用金錢當餌也要從公司的一些重要客戶中尋找資訊。技術支援小組為支持者提供電話費用全報銷的方式，使他們能夠幫助處理產品使用中客戶打來的電話詢問。這種及時從客戶中回饋過來的資訊，就可以使軟體性得到良好的改善。

由此，比爾蓋茲對處理客戶回饋回來的意見的做法可見一斑。

第一、客戶的不滿是提升產品及服務品質的契機。

客戶的抱怨多少顯示了客戶對你的忠誠度。客戶的抱怨，可以將公司的損失降到最低。如果你能使他們的問題得到適當的解決，下次他們還是很可能再來消費。

事實上，不會抱怨的客戶忠誠度最低，會抱怨的客戶可能才是最忠誠的客戶。

對消費行為的研究表明：如果客戶覺得自己的抱怨被妥善處理，他們會告訴五個人，但如果一開始就受到好的服務，則只會告訴三個人。

美國有一家專門生產防盜門的公司，在一九九六年發起了一項品質管理的計畫，花了三年的時間將工作人員裁減一半，同時停產所有賠錢的商品。在過去，很多客戶向他們抱怨產品品質不良、運送太慢、發票錯誤等，該公司因而制定了一套系統，從被退回的產品中總結經驗。

據美國權威機構調查顯示，六人之中有一人會向廠商提出抱怨，平均一個客戶的抱怨成本是一百四十二美元以上。如果抱怨獲得滿意處理後，有百分之五十四的人會成為忠誠的客戶。反之，不滿意的客戶有近百分之九十的人不會再度購買該公司的產品。

第二、處理客戶不滿的五大步驟。

①**道歉**。道歉態度一定要誠懇——客戶可以清楚地辨別真偽，誠心的道歉可以使客戶消氣。同時，你個人必須為發生的問題提出解決之道並承擔責任。

②**立即重述**。重述客戶向你描述的問題，確定你完全了解客戶的意見。然後告訴客戶你將盡全力即刻解決他們的抱怨。即使你無法完全解決問題，客戶也會明白你是誠心想幫忙，不滿也將隨之弱化。

③**同理心**。確定和客戶做了最清楚的溝通，讓他們知道你非常了解他們的感受。不要

以施恩人自居，要清楚表達了解他們的感受。

④ **賠償**。在償還費用或退換貨品之後，你要告訴客戶你將對他們有特殊的補償，可能是一份禮物，也可能是優惠券，把這些視為對客戶的超值服務而非額外的開銷。

⑤ **務必確定客戶是滿意的**。可以在服務結束的同時，問客戶一、兩個簡單的問題：「我們是否已解決您提出的問題了?」「有其他事情可以再為您服務嗎?」幾天後再打電話確定客戶是否仍然覺得滿意。你也可以寄信給客戶，甚至隨信附上優惠卡或禮券。多一點付出，就能有效處理客戶的不滿。

第三、處理客戶不滿的話術。

下面是一些處理客戶不滿的典型話術案例：

① **客戶**：「你們開的價格太高了。」

銷售人員：「我非常贊同您的說法，一開始我也跟你一樣覺得價格太高，可是在我使用一段時間之後，我發覺自己買了一件非常值得的東西。價格不是您考慮的唯一因素，您說是嗎?畢竟一分價錢一分貨，價格是價值的交換。」

② **客戶**：「你們的產品品質太差了。」

銷售人員：「先生您好，對於您的遭遇我深表歉意，我也非常願意為您提供優質的產品，遺憾的是，我們已售出產品，給您帶來了一些麻煩，真是十分抱歉。先生，您看我是替換產品還是退款給您呢？」

③ **客戶**：「你們做事的效率太差了。」

銷售人員：「是的，是的。您的心情我非常的了解。我們也不想這個樣子。我非常抱歉今天帶給您的不愉快。我想以先生的做事風格來說，一定可以原諒我們的。感謝您給我們提個醒，我一定會改進。謝謝您。」

④ **客戶**：「你的電話老沒人接。叫我怎麼相信你。」

銷售人員：「先生，您打電話而沒人接，您一定會非常惱火，我想。同時我非常抱歉，我沒有向您介紹我們的工作時間和工作狀況。況且，您是相信我們的人，相信我們的服務精神和服務品質的，對這一點，我十分堅信。」

對以上幾點，你可以參考借鑒，便於更好的處理客戶的不滿。

第四、對客戶服務到底。

有的業務經常被客戶抱怨「接了訂單之後，就未再見到你的蹤影，就連一個電話也捨不得打，未免太無情了吧！」事實上，有許多業務接完訂單後就消失得無影無蹤，到了要行銷生意時，又像客戶公司的職員，每天去報到，這樣的業務是不合格的，是會遭人排斥的。

至少平常應該打個電話拜訪、問候，不但能增進雙方的情感交流，這也是連接下一個訂單或是獲得新情報的最好時機。因此，業務在完成銷售之後，一定要追蹤客戶的產品使用情況，這樣才能最大限度避免客戶對商品的抱怨。業務無論什麼時候都要對客戶負責到底。

為客戶提供「最新、最有價值的情報」，最能讓客戶感到喜悅。食品界價格競爭格外激烈，他們行銷的對象包含了一般餐廳、飯店、速食店、雜貨店等地方，這些地方的經營者，見到業務的第一句話就是商品是否能打折，慢慢的，業務與客戶交談的問題，也就集中在價格問題上。

食品商的利潤日益下降。針對這個情形，某食品公司特意做了一個深入的調查，看看客戶真正的需求在哪裡?是否只對便宜貨有興趣?調查結果分析表明，客戶最需要的卻是「對客戶經營最有效的情報資訊」與「同業的情報」，單價打折只是怕競爭不過對手，而降低自己的成本是最直接的方法。

在做完調查工作之後，該食品公司立即將新產品的開發與新的經營情報收集列入業務的工作中，並以一個經營管理顧問的服務姿態，來提供客戶經營管理的資訊，並進行指導，從此該公司與客戶之間的話題，不單單是談降價問題，更重要的是客戶會將自己最困惑以及最渴望解決的問題，拿來與業務研究，客戶在獲得問題的指點之後，業務也帶回了最珍貴的客戶需求資訊，使該公司的經營成績直線上升，真可謂一舉數得。

對於業務而言，有價值的資訊是有力的武器，平常雖無法談成生意，但在不斷的電話拜訪、問候，並提供一些有價值的資訊下，只要有機會，生意總是會上門的。

培養對客戶服務到底的精神，並付諸行動對於提高業務的品質和公司業績都是至關重要的。

客戶滿意度的關鍵是「三種快樂」

微軟「培育市場」的一個重要舉措是：舉辦各種類型的技術講座、研討會，為客戶提供全面的服務。對此，比爾蓋茲說：「不管在哪裡，不管做什麼事情，不要忘了讓你的客戶感到驚奇。」

第一、向客戶做出承諾或保證。

要清除客戶購買之後的財務心理或情緒的風險因素，最好的方式就是向客戶做出承諾或保證。

如果你向客戶做了承諾或是保證，而你又沒有實現，你可以採取如下方法進行補救：

・對客戶不滿意之處予以補償。
・如果客戶要求退款，運用「兩倍退款」提供金錢上的賠償。

當客戶最後接受到比預期更高的服務、品質以及表現時，你和客戶在這個過程中都是大贏家。

有一家糖果製造公司，他們的糖果棒包裝紙上印有「保證滿意」的字樣，如果你並不滿意，只要將此五毛錢的糖果未吃完的部分，及一張解釋你為何不滿意的原因寄還，你就可以得到退款。而該公司還會代以另一種不一樣的糖果送給你。如果你還是不滿意，他們會再送一種，直到你滿意為止。

還有一家生產美容化妝品的公司，給客戶的承諾是：「如果您使用我們的產品，九十天內沒有看起來更年輕，更美麗，皮膚更光滑，更有彈性，我們無條件退款。如果您在使用我們產品九十天內，對產品表現不滿意，我們就不配拿您的錢，您有權利要求我們在任何您指定的時間內，不問任何問題，將您的錢百分之百退還。您也不需要覺得有任何不對。」

這樣一個大膽的保證是需要足夠的品質保障的。事實上，這家化妝品公司生產的產品品質是一流的，他們在此之前做過充分的試驗，證明產品的效果確實非常棒。

如果你的產品或服務是好的，客戶的反應會跟著變好。你的保證越長，你所能製造的特別期望值越高，就會有越來越多的人來購買。但是你的保證必須真誠，全心全意並毫無漏洞。否則，效果會適得其反。

第二、盡最大可能承擔你與的客戶間的風險。

客戶與你的業務往來中肯定會有一些不確定因素。他怕承擔因你而帶來的風險。所以，你必須做的事就是承擔你和你的客戶之間所有的風險。當你為客戶承擔了所有的風險，你就降低了客戶的風險和顧慮，也消除了客戶購買的主要障礙。

有一位農場主想要為他的兒子買一匹馬，在他居住的小城裡，當時共有兩匹馬出售。從各方面來看，這兩匹馬都一樣。第一個人告訴農場主，他的馬售價為五百美元，想要就騎走。第二個人則為他的馬索價七百五十美元。

但是第二個人告訴農場主，在農場主做任何決定前，他要農場主的兒子先試騎這匹馬一個月。他除了將馬帶回到農場主的家之外，還自備馬一個月吃草所需的費用，並且派出他自己的馴馬人，一週一次，到農場主家去教其兒子如何餵養及照顧馬。他告訴農場主，讓他們相互熟悉是非常重要的。

最後他說，在第三十天結束的時候，他會駕車到農場主家，或是將馬取回，將馬房打掃乾淨，或是他們付七百五十美元，將馬留下。

於是農場主在第二個人這樣的保證下，就買了第二個人的馬，雖然第二個人出價高一點，但高的有價值，而且不需要承擔任何風險。

基於這個案例，做到不讓客戶遭遇任何風險可採取如下具體辦法：

·如果客戶不滿意你的服務和產品，你要保證給客戶額外的補償。

·如果客戶要求退款，完全可以，並且給予客戶以精神和時間上的賠償。

·保證產品本身的無風險性。

·告訴客戶：即使客戶會遇到一些風險都會由你承擔。

第三、對客戶的服務做到「三個快樂」。

快樂是人生的主題，如果你能為客戶創造快樂，帶來快樂，就會對你的工作有積極的促進作用。所以為客戶創造快樂，在快樂中為客戶服務是非常重要的。

為客戶服務不僅要為客戶解決問題，而且還要帶給客戶快樂的心情，帶給客戶美妙的感覺。這種快樂的感覺和氛圍是可以藉由一些方法和技巧來做到的。

作為客戶，誰都喜歡和那些積極樂觀的服務人員打交道。客戶服務是一種情緒的轉移，信心的傳遞。你快樂也好，不快樂也好，你的這些情緒都會轉移到客戶身上。如果客戶面對的是一張苦瓜臉，就會影響到客戶的心情，客戶心情不好，就不會對你的服務滿意。

那麼，如果做到在為客戶服務時保持快樂呢？

- 把能為客戶服務當作一件榮幸的事。這是一種信念。
- 想像服務的結果是美好的。
- 生活的祕訣就在於給予。為客戶服務不僅可以幫助別人，同時也可以豐富自己的人生。

唯一的客戶

柴田和子是日本保險界的傳奇人物，她十六年來蟬聯日本保險行銷冠軍，她一年創下的業績等於八百零四位業務員的業績總和，她被稱為日本推銷女神。

柴田和子之所以有這麼傲人的業績，一是得益於她與眾不同的行銷策略，二是得益於她與眾不同的客戶服務。在這裡，我們只談她的客戶服務策略。

第一、對客戶有愛心和使命感。

遇上客戶生日，柴田和子不僅會送客戶一些禮物，而且還會隨禮物送一張賀卡或是感謝信。「生日快樂，感謝您在過去的日子裡給予我的關照。我是在您的幫助下成長起來的。

以後還很需要您的支持和關照。」

如果是客戶某天要加班，柴田和子會買上幾盒便當到客戶加班的地點。「今天又加班了，辛苦了。」然後就與客戶一起吃便當，一起工作，柴田和子把客戶當作自己的兄弟姐妹。

第二、把每一位客戶都當作唯一的客戶來對待。

有一位從事設計工作的客戶打電話來，對柴田和子說：「我想為我的夫人投保，請派一位祕書或是任何一位工作人員來就可以了。」柴田和子說：「您是我最重要的客戶之一，即使再忙，我也要親自過來看您。」客戶說：「好久不見，柴田小姐大概已經忘了怎麼來我公司了吧！」柴田和子說：「說哪裡的話，您的辦公室在東京XX街消防隊東邊的那個小紅樓，是一個金屬玻璃門。」柴田和子連客戶公司的大門都知道是什麼做的，可見，柴田和子對這位客戶是非常重視的。這位客戶非常感動：「你可真沒忘記，永遠把我當一回事。」要知道，這位客戶是八年以前碰過面的，這八年從未見過面。

有人問柴田和子，她成功的主要原因是什麼，柴田和子說：「凡事要有愛心，要有使命感。要成為什麼樣的人才能對社會有益，自己能為別人做些什麼，這是決定一個人是否能在獨善其身之後，再兼善天下的重要因素。」

的確，柴田和子正是以這種信念和心態來經營她的保險事業的。

相信你看完了柴田和子的事例，對於自己如何更好的工作會有一些觸動吧。

第四條準則

你必須學會在特定的工作環境中，努力使自己成為一個勝利者；一顆冉冉升起的新星；一個對公司有價值的人。

這裡需要向讀者說明的是，前三條準則是比爾蓋茲針對從事銷售或服務人員而歸納總結並提出的，從這一章節開始，比爾蓋茲的的員工準則泛指公司工作的每一位職員，這就具有了更為廣泛的意義。好了，現在進入第四條準則的正文。

工作不是簡單地服從命令

現實工作中，誰都有可能碰到自己的直屬老闆或其他上司對自己的責難，不過沒有關係，這是正常的，因為這是在職場，是在一個公司做事，只是要讓自己做好準備迎接挑戰即可。

工作的旅程充滿了坎坷。當你遇到無數的絆腳石時，切忌一點：不要與你的老闆發生正面衝突。開動你的大腦，想出一條妙計，為你的公司和你自己取得雙贏的結果。此時你要做的是：

第一、旁敲側擊的向老闆詢問問題。

平靜你的心態和說話的語氣，改變你談話的方式，旁敲側擊的問問題。當面指責老闆的不足，只會引起老闆強烈的不滿，老闆的大發雷霆可不會對你有任何好處。若你仍然一再堅持，那後果就更不堪設想了。或許你們爭執的內容並非問題的關鍵，那你豈不是更加不值了？給自己一點時間考慮，然後再做定奪吧。

第二、採取適當的措施以求兩全其美的結果。

運用你的智慧，想出兩全其美的辦法，既讓你的老闆滿意，又不會虧待了自己。

「老闆，我明白你對於預算計畫的顧慮，但我有點不明白，我們的最終目標是先前的那個還是有所轉移呢？」（很明顯，計畫跟目標是一致的，計畫削減了，目標肯定也得跟著做相對的調整）

要始終提醒自己：你的目的不只是讓老闆接受你的建議，更重要的是要讓老闆明白你的用意。當老闆意識到你的真正價值遠不止當個代罪羔羊時，你的前途就一片光明了。即使你輸了這場特殊的遊戲，但也為以後的成功和提升打下了基礎。

人需要自知之明，只有當真正了解自己，清楚的知道自己的長處與不足，才會正確的安排工作，也才會知道自己究竟該做什麼，不該做什麼了。

另外，在工作中，常常會遇到這樣的情況：老闆答應你一件事情，可能是提升，可能是加薪，也可能是給你別的什麼好處，但是當你一旦努力工作完後，換來的只是藉口或者沉默。

面對著這些毫無誠意，輕易許下又很快被忘的諾言，你該怎麼做呢？你又該如何保持你的自信，維護你的自尊呢？

在這種情況下，保持心態的平和是最重要的。學會充分利用和老闆一起工作、談話的機會，挖掘出你想得到的東西。如果你一味的任人宰割，那你只是一個懦夫。但如果你能夠面對現實，機智，平心靜氣的解決問題，那麼你就是一個勝利者。

再有，在一個公司工作，可能你的同事就是你的競爭對手，那麼如何與他們競爭，如何對付將會與你共同分享「食物」的人，從而站穩自己的當前職位呢？

要想坐穩自己當前的工作職位，並且希望得到提升，必定先要有好的業績。要想有好的業績，就必須緊隨形勢的變化，明白你到底需要做什麼。這就需要你先研究一下公司的發展方向，潛心拿出公司繼續發展壯大的你自己獨特的方案。然後抓住一切機會，讓上司知道你的想法，清楚你的創意。

許多事都需要經過磨難與考驗才會成功，不要把一時的被淘汰當成是一個終結，從此一蹶不振，而應該把它看作是一個新的起點，一個動力。如果你沒得到那個你認為自己可以勝任的工作，那麼，現在是時候，讓別人知道你有多棒了。如果你始終保持沉默，那麼再沒人會知道你在想什麼了。

要學會向公司管理者談談你對於公司發展的看法，你的工作不該是簡單的服從命令。同時，為公司、為產品創造一個好的聲援環境，明確告訴老闆你需要下一個提升機會。還得讓老闆知道，你願意為此付出艱辛的勞動。在擦亮自己眼睛的同時，也擦亮別人的眼睛。命運掌握在自己的手中，機遇是需要自己去把握的！

談一些員工最頭痛的問題

現實工作中，有很多事情需要你不斷的去嘗試，如果你不願意付諸於行動，也許你永遠都不知道你真正的才能、利益和可以得到的滿足，也許你永遠都展現不出你的人生價值。要學會在不斷的自我挑戰中，明確自己在公司中的真正價值。

第一、不為自我過失杜撰藉口。

工作沒有做到令人滿意，老闆必然會責怪你；沒有按照預期的目標走，你很擔心老闆責怪它的結果，不知道你下一步的命運如何；按照正常的行為，你應該為自己找一堆理由和藉口，但是千萬別那樣！深呼吸，尋找問題的根源到底出在哪裡？這是不是只是一個小小的失誤？

即使你沒有錯，老闆錯怪你，也別找藉口、別打斷老闆的話，也不要頂撞；如果真是你的錯，那就更別找藉口了，千萬別說一些諸如「每個人都會這麼做的」、「不知道為什麼，我就這麼做了」之類的說不上口的理由。你現在所要做的就是迅速採取補救措施，挽救現狀，努力達到預期目標。

首先，立即承認所犯錯誤。

面對錯誤而且勇敢的去承認它，即使是你的下屬犯了錯，那你這個做上司的也有責任，用「我們」等字眼承認錯誤並真誠的道歉，這才是最誠懇的最有效果的解決方式。

其次，把問題分類解決。

由主及次個個擊破，一次解決一個問題，解決清楚，不要模稜兩可，態度要誠懇。友善謙讓的語氣可以贏得彼此的信任和尊重，這樣才能把問題快速解決，而且不傷害你的人際關係網。

接著，迅速轉移重點。

迅速把重點從責備某人身上轉移到解決問題上，制定一個計畫，使錯誤在這個計畫中變得無礙大局，在制定決策的時候，讓老闆也參加，談話的最終必須得有個結果，那就是問題解決，且不會影響先前的工作進度。

最後，力避最大的犧牲。

對於某項工程，你和你的老闆有不同的期望，這必須讓雙方都清楚。

老闆現在對你的批評指正可能是為了大局著想，使公司利益有所保障，使你的利益有所保障，如果連公司的利益都不復存在了，那你的利益又從何談起呢？也許，你是因為一時大意而失策，但很多時候，就是「大意」拖了你的後腿。

第二、站在老闆的高度思考問題。

如果你能清楚的知道老闆的真正意圖是什麼，就能找到一個好的辦法來滿足他的要求。但是他給你下的命令有時候模稜兩可，有時候毫無道理，根本不可能實現，還有時候命令指令根本不完整。在這樣混沌的時候，就需要你站在老闆的角度審視思考，為自己解釋那些模稜兩可的問題。

對此，你應有一個正確的認識和態度，並做出正確的行動。

首先，提前做好一切準備，包括心理上的。其實老闆這樣做的理由很多，可能是考驗你的能力，可能是給你發揮的機會，也不排除惡意的欺騙和戲弄，所以隨時保持警惕。

其次，如果老闆給你留了一片讓你自由發揮的空間，抓好機會充分發揮才能。不管老闆是積極還是冷漠，請不要因此難過，而是要採取一個更好的策略步驟。

最後，催促一個成形的政策，並使其作為行為嚮導。大公司都有很多規定，許多行動的後果若與預期的不一樣，那就是最基本的政策制度沒有落實清楚，或者步驟上起了衝突。所以在任何一個公司開始營運之際，在任何一個員工上任之前，都必須而且應該明白公司的制度，例如：一天工作時間、個人休假日、保險、獎金等，遇到危機所採取的步驟，離退休的時間等等。

事實正是如此，誠如比爾蓋茲所言：「當你真正面對工作中一些棘手問題，並且逐步使問題明朗化時，辦公室的每個人都能一目了然，他們就會把你當成個英雄。」

第三、依據證據維護自我權益。

很多時候，老闆在分派任務下達命令的時候，自己也並不明確，不知道命令該不該下，不知道下達命令會產生何種結果，集中命令的目標，同時，這樣的談話又給了你一個展示自己的機會。

但是，對於遠距離的託付命令，一定要特別警覺，老闆為了工作可能總有新的想法出現，但不能付諸實施就是另外一說了。但是不管結果如何，他們都會試一下，所以命令你去做什麼的時候，為了使你相信計畫會成功，老闆通常會給你一些諾言，不是給你減輕工作負擔，就是給你加薪。

但是，非常不走運，你剛剛著手這項新的工作之後，他卻對此不聞不問，或者他甚至把原計畫投資在這個計畫上，人力、物力、財力全部投資到別的計畫上去，你會頓覺前功盡棄，想找老闆論理，卻沒有足夠的證據說明老闆對你曾經許下的諾言，你就像被扔在荒野中一樣無人問津，這時候你該怎麼辦？

首先，想盡方法，明確任務。

情緒激昂，問老闆問題——尤其是關於老闆對你的期望應得到的報酬。如果你對老闆的回答不滿意那就繼續問，以問題的形式表示對你的不滿。

其次，記錄你們之間的商討以及達成的協議。

當你跟老闆的意見達到一致後，立即把商討過程及協議寫下來，如果老闆中途變卦，或者不願給你相對的報酬或因為畏懼公司政策而命令停止計畫的實行時，這寫下的東西就變得非常重要了。因為這就是證據，去影印幾份把原文送給老闆。給自己留一份，再給相關的人，每人一份，這不是威脅，而是保護自己的利益。

你完全有權利去希望老闆的承諾可以兌現，但如果他耍賴，也別慌，「證據」可以幫你。不管你是要提醒老闆還是要從老闆那裡討回公道，「證據」都是最可以保護你的「護身符」。這不是威脅，在現代商業社會裡面，你必須學會自己保護自己，自己維護自己的權益。

第四、冷靜的面對晉升問題。

「我有權利去要求晉升嗎?」答案是：「當然有!」因為你一直很努力工作!

先回憶整理自己的業績和成就：

· 你是否一直以來都為公司盡心盡力，鞠躬盡瘁的推動公司前進?

．是否一直以來都為客戶提供上乘的服務？

．自從你上次進步以後，你的職責範圍有沒有擴大？

．你是否為公司做了一系列卓越的貢獻？

考慮考慮公司和人才市場的最新動態，這是你在毛遂自薦時在給人一個印象深刻的報告時必須考慮的東西。

你的目的應該是雙重的，一是讓老闆知道，他所付給的薪水並不能代表你的價值，你的價值遠遠大於你現在所得到的東西。二是你已經不滿足於現在的情況了，以你的才能是應該得到公司重用的，你是一支績優股，是公司的財富。但是事先考慮得周全一點，這才能提高你勝算的機率，才能冷靜的面對盤問。

首先，整理並呈現出來你的業績。

當你跟老闆交談時，給他一份簡短說明（標明你的各項成功）。這就使你的說話主次分明，使你的業績顯得更加突出。然後，重點強調現在以及將來你對公司的價值，並解釋為什麼透過你踏踏實實、堅定不移的努力，公司可以有更好的發展前景，給自己信心，給老闆信心，讓他知道你是有用的，因為你可以為公司創益。

其次，陳述你的報酬要求。

這不能拖泥帶水、優柔寡斷，堅定的說出你對酬勞的希望，通常說百分比比說具體的數目要好得多。從當地的，國際上的薪水標準中，做出一份你這種工作的薪資表。從多方面搜集資料，同事、人事部、用人公司、你的商業或專業機構等等，都是不可忽略的情報資料來源。

再次，把你的進步和努力連結起來。

你的公司需要你。當公司利益下跌時，尤其需要最好的，有豐富經驗的、稱職的員工。你當然值得去晉升，但這種情況下，其他形式的獎勵或許是更明智。如果你工作出色達到預期的目標，使老闆很滿意的話，就考慮申請提加薪或是分紅。但是把這和你的努力連結起來，而不要和公司的利益連結起來。

在想晉升之前，得考慮周全，並想好可能出現的異議，如果你的要求合理的話，即使面臨拒絕也是值得的。既然老闆知道你焦急的想知道要求的結果，他就會更密切的觀察你的行動，以發現你的真正價值。所以如果老闆先給你一個發展的方向的話，那你就努力吧！

第五、謹慎對待跳槽問題。

繼續留在原來的職位還是跳槽，這是一個艱難的決定。當你決定要離開這家公司時，不妨先轉變一下心情，以一種全新的視角重新觀察公司、工作和老闆，或許，你的離職想法就會因此放棄。你可能會猛然間意識到，公司遠非你想像的那樣前景不堪，老闆也不像你想像的那樣苛刻，你在公司裡還有相當的升遷空間。

在實際生活中，許多人只是盲目跳槽，他們從不反省自己，只盯著新工作、新公司、新老闆的所謂優點。這種人總是以一種想當然的心態面對問題，總以為可以透過工作環境的轉變而解決問題。他的工作目標往往不清晰，但期望值卻很高，然而隨之的失望也高。失望越大，對周圍的環境或人的不滿意就越多，從而惡化情緒，工作也失去了熱情和動力，最終在公司裡待不下去，不得不另找工作。比爾蓋茲對他的部門主管們說：「離職之前一定要仔細考慮，要善於自我反省，適當調整工作態度，重新認知自我，這是解決問題的可行之道。」

研究表明，跳槽的原因主要有以下幾種：

① 薪資較低。對這個問題，你要清楚，薪資與貢獻是成正比的，如果你一貫工作努力，忠於公司，老闆肯定會重視你，加薪是一定會來的。而且，你不能光看著有形收入，還要計算一下無形收入，比如人際關係、培訓機會以及工作經驗的累積等等。

②沒有受到重用。你是否清楚自己的優點和興趣？你在公司裡還有無發展的餘地？這些問題都是客觀存在的，不能掩蓋，你不僅要自省，還要多和老闆溝通交流。如果你驕傲自大、自以為是，這不僅會阻礙自己才能的發展，還可能埋沒你的才能。只有和老闆共同努力，才能發揮你的才能，實現你的抱負。

③和公司的經營理念存在差異。你不妨站在公司的立場，以更冷靜的心態想想公司的發展，或許這樣的視野會開闊些。你將可能發現，和公司之間的分歧，真正的原因並不在公司，而是自己沒有把自己的想法表達出來。假如這樣還是無濟於事，為什麼不主動去適應公司的規劃？為什麼不主動去理解老闆的經營方略？要善於等待機會，抓住機會，向老闆正確傳遞自己的想法。

④培訓不足。沒有哪一項工作沒有挑戰，都一定有壓力。在工作中，對提升自己產生決定性作用的是工作態度，而不是培訓。任何人都希望和一個明智的老闆、充滿熱情的同事相處。

⑤提升機會不足。為什麼自己總不能有升遷的機會？是老闆的眼光不行，還是自己的工作能力不行？在背後議論別人的長短對自己沒有多大益處，認為獲得升遷的人只是比自己更會拍馬屁是再愚蠢不過了。你首先要做的應該是反思自己，端正態度，

從而努力工作。

⑥對產業前景和公司未來堪憂。首先，要明白，公司或產業前景的好壞不能妄加猜測，而必須由理智來做出正確的判斷。其次，經濟環境好時，也有賠錢的公司，不行的時候，同樣有公司賺大錢。不能在產業的前景中搜尋工作懈怠的理由。任何時候，只要你能力出眾，你就有立足之地。而最能展現員工的工作素養的時候，就是在經濟狀況不好或公司效益不佳的時候。

你不妨對照一下，看自己是否屬於其中的一種，以找到問題的關鍵，及時調整自己。

當然，在今天的社會，不是單單忠誠的工作就可以得到工作保障，有時你所在的公司，由於工作原因，也可能會走下坡路，你也應該隨時做好新的準備，這樣你對於自己的生活才有充分的主動權。

保守與冒險

比爾蓋茲說：「重視因為冒險而取得的益處，你所遺失的東西實際上只是一個機會，否則你所擁有的東西比現在多得多。」

毫無疑問的，我們生活在一個充滿恐懼的時代，賀瑞斯．弗萊徹曾經說過：「恐懼就好像在空氣裡頭灌進慢性毒氣，不僅會對人們的心理造成傷害，而且令精神和士氣萎靡不振。有的時候甚至導致死亡。不但活力消失殆盡，所有的成長也化為灰燼。」

恐懼感會令人停滯不前，而且使人們的潛能無法順利的發揮。

因此，要想成為一個優勝者，那你就得冒風險，讓別人知道你的思維和邏輯。

你的主意確實不錯，但不能因為它好，你就把它占為己有，而不公布於世，要讓別人覺得你是個有想法的人。

你也知道這一點，但你就是因為擔心、恐懼所以遲遲不敢行動。你害怕批評，害怕拒絕，害怕失敗，害怕運氣不好，害怕給人自誇的錯覺，也許是因為你和許多陌生人在一起而覺得害羞，所以需要更多的時間來給自己鼓勵。

那麼，我們又怎樣才能科學、有效的逐步克服保守與冒險兩難的心理，順利邁向成功的巔峰呢？

第一、做好自我心理剖析。

如果你不冒風險就不能搜索積聚經歷的話，那就降低風險度，並且克服做計畫和實施時的畏懼心理，你就會逐漸意識到你的緊張來源於不知道或是不確定，或是準備得不夠充分。

這就使你喪失了一次又一次的機會，尤其是對於那些想保住工作的人，你的經歷決定了存進你大腦記憶中的一個固定模式，這就使得你在回答問題時總能透過大腦中記憶庫的反應，得到一個迅速的本能的回答。其實這些快速的決定都是在一定經歷的基礎上產生的。

具體你要做的是：

①做好提前準備，以得到更多的認可和贊同。

對你所說的話，所做的報告進行全面研究，以應付那些合情合理的批評和指正，別誇大那些重要的註定要發生的事情，但也別放過任何細枝末節。一個好的觀點是憑它的優點站住腳跟的。如果你能步步為營，那你就能步步為贏，獲得最後成功。

②用確鑿、有權威的證據論點予以反駁。

多看一些、多聽一些CEO（企業執行長）演講和談話，案件珍藏，然後找些證據去辯駁，讓他們知道，你並沒有因為「批評」而放慢了你的步調。如果你能實行逐步轉變的話，那你就會避免很多批評和不必要的麻煩。

③做計畫的時候，適當聽取要人觀點。

如果你的觀點被當眾否決，個性好強的你一定覺得很沒面子。所以要想避免這個，就誠懇的、禮貌的向那些批評家們請教。

④ 以豪情之勢闡述你的觀點。

帶著一種目的，講述你的工作是多麼優越，說話的時候始終用眼睛看著大家，保證眼神的交流。

第二、戰勝自我的心魔。

你不提出任何建議，不發表任何議論，不做任何未經上級批示的事……你害怕說錯話，害怕做錯事，害怕不能適當的表述你自己的想法，你用各式各樣的方法保護自己，縮進蝸牛殼裡。

耳聞目睹了這麼多關於公司合併、走下坡路、破產的消息，沒有誰能感覺到特別安全，你不能控制公司的合併破產等情況，但你可以改變那些對你有影響的情況。比如：主動出擊，採取攻勢，因為公司的領導人正在尋找並挑選那些能盡快做出決斷的人，而且，你完全有權力為使你的工作做得更好而要求你所要得到的東西。你不能擔保你是否能得到，但你卻需要去過問和要求的權利。

現在，如果你能把你的要求當作是執行使命的一部分，你的畏懼心理就會減弱。因為，你是在盡力的幫助你自己，同時你所建議的東西對於你的下屬，同事，老闆，部門乃至整個公司都是有益的。為此，你必須：

①向成功人士學習經驗。

找一找原因，他們為什麼可以成功，學習他們的長處，讀他們的報告，問問他們關於公司發展的觀點；然後制定出你自己的明確的、切實可行的計畫，並把你的計畫傳給那些有深謀遠慮的人看，有機會時提出一些老闆可能會採納的觀點。

②充分發掘利用資源，希望計畫可能被採納。

借助一些肢體語言使你的信念溢於言表，比如抬頭挺胸在地板上輕鬆踱步，即使此時你的雙腿像灌了鉛一樣，但還是要展現出你輕鬆自如的一面，看上去充滿自信在基本上會幫你一個大忙；同時你的衣著也很重要，注意一些小飾品——譬如領帶或者飾針，都可以使你自己感覺良好，無形中增添了勇氣和力量。

③增強自己的自信心。

當你聽到同事或老闆對你的稱讚時，把它錄音下來。當你感覺到害怕或緊張時，就反覆聽錄音，以增加自己的自信。

第三、適時毛遂自薦。

如果你沉迷於對失敗的畏懼，那你的計畫、決心必然不能完全付諸實踐，你對現實的觀點和看法也必然會扭曲。

你需要豐富經歷來擴展你的洞察力，提高你制定計畫的能力，得到你應得的獎勵。

你對於遭受嘲笑的恐懼可能是由於你太過於爭強好勝。「如果這個計畫不能被實行的話，我的名譽就毀了。」「如果我真試一下的話，我就會是第一名了。」

回顧你最近的活動：只沿著老路走，你覺得安全嗎？你是不是還堅持著那些被磨損的希望和不再激進的目標？你是否還因為害怕在新事物上碰壁，而不再相信你的直覺和天生才能？

如果這樣的話，你應該提高警覺了，否則你將會掉隊，面臨淘汰。

不管實際情況如何，對付虛構的恐懼與對付真實的恐懼同等重要。然後你就可以把你的注意力從擔心你給別人留下的印象上轉移到考慮別人本身上，那能夠使你自願的獲取新的經驗，並且爭取到新的自由和自信。

要勇於正視困難，迎接挑戰，控制你自己的恐懼，同時，在你採取行動之前，弄清你自己真正關心的是什麼，在乎的是什麼，希望的是什麼。

信心是最重要的，「真的勇士，勇於面對慘澹的人生，勇於正視淋漓的鮮血」。

第四、帶有目的的去說話。

比爾蓋茲說：「公司永遠需要能夠解決實際問題的員工，前提是你要知道問題是什麼，然後讓別人知道你的辦法又是什麼。」為此，你需要做的是：

①提前了解議程，準備資料。

為了在會議上能支持你的觀點，你需要提前準備，想出可能會出現的敵對論點，並引證來反駁此論點。爭取在不到一分鐘之內的時間闡明你的觀點，用一些簡單的設備例如黑板或者畫架，有條件的話可以使用幻燈片來展示你所討論的內容。當然，說話的時機一定要找對，在一次討論的最後展現你的觀點是最好的。你可以對前面的人所說的話進行總結，提取其精華，來給你的觀點潤色，如果你沒有什麼新的觀點值得增添，你的觀點就必須與眾不同，給人耳目一新的感覺並留下深刻的印象。

②對易漏之處予以記錄。

擔心你的觀點聽起來太具侵略性，太有進攻性？那就在論辯的時候稍微謙遜一點，把那些你擔心會漏掉的要點記錄下來。必要的時候還可以跟同事朋友商量商量，這樣可以確保你的講話萬無一失。

③從大局出發，誠懇的看待「反方」觀點。

發言時，不要踐踏大眾的意志，你回答的時候要微笑，要點頭，以示你明白對方的意思，人們在反對一個觀點的時候，通常會提高音量，那並不是對你的人身攻擊，所以反駁的觀點還得從大處著眼，不要把辯論變成辱罵，否則不僅你的觀點難以取悅民心，而且你還喪失了你應有的尊嚴和風度。

④ 準備一些具有針對性的問題。

問題可以使討論重新回到論題上，並且摘取必要的資訊，做出必要的計畫和決定。問題還可以使你加入到討論中來，尤其是在你對這個論題不太熟悉的情況下。

第五、與有工作關係的陌生人多接觸。

生活中，誰都願意和熟悉的人打交道，但是由於工作上的原因，有很多陌生的人與事物你必須要面對。話說回來，為了有效打敗自身工作上的恐懼，你應在平時多主動的與陌生人接觸。

① 做好準備。

讀所有能讀的關於公司的讀物，看看哪些人什麼職位，什麼權力。看他們的成熟，緊接著看他們成功的祕訣，聽收音機、看書、雜誌、文章等等，收集一些語句，以便談話時能用上。

② 讓人感覺你是一個熱情四射的人。

保持微笑，並保持眼神的交流，有些人其實和你一樣，跟陌生人說話都覺得不自在，所以你們雙方都需要的是一個真誠、友善的談話，其實，你在把自己的觀點展現給別人之前，先得展現你自己。同時，走路要輕快，盡顯你的活力，和別人握手要短暫有力，而不要軟弱無力。這樣更能表現出你的自信和優雅。

③ 進行現場接觸。

盯準你在會上要認識的一個人，走過去跟他打招呼，那人肯定會把你介紹給在座的所有人，然後和你感興趣的那些人聊天，談出你們的共同話題，盡量盡興。

④ 互通姓名和個人資料。

隨身帶著你的名片和一枝鋼筆。交換名片，在名片背後寫上你所需要的資料，如果別人沒有名片，那就在你的名片上快速記錄下他人資訊，在會議上或大公司裡，主動提出交換名片。雙手遞上你的名片，以表示尊重。

⑤ 短暫接觸以後要隨時準備以後全新接觸。

互相介紹以後，大家都互相認識了，這還只是一個短暫接觸，要進入更深入的談話，要盡量向自己的工作、職業拓展，你倆之間的話題越多，接觸成功的機率就越高。

第六、在危機面前忘記畏懼。

危機就像流言一樣，會產生恐慌，或者導致公司生產力的下降，為了能更好的解決危機，你必須做出一個計畫，但是在壓力的脅迫下你很難做出一個超乎想像的、切實可行的決定，你有可能會把人們的注意力拉到一些消極的方面去，或者為了避免更為緊張的壓力而否認一些詳實的資料和必要的事實。

如果有緊急情況出現，你猶豫不決，拿不定主意。那麼，你即使不是敗得很慘，也會錯失良機。你優柔寡斷，總在打算嘀咕什麼時候才能避免衝突，但你從不對一個方案或計畫的實施質疑，長此以往你會犯下一個很大的錯誤：你隱藏了那些如果任其發展就會適時爆發的錯誤。

也有些人在危機面前會特別武斷，喜歡獨斷專行，其實面臨危機的時候並不是你獨斷的時候，你可以採取主動攻勢，但還得採納大家的意見，聯合一些你信任的人，提供資料，制定計畫。為此，你可以在危機來臨之際，做這樣的一些具體工作：

①組成聯盟，估測損失。

與你的一些具有影響力的同事組成一個聯盟，做一個非正式的部署和估測。留心消息來源，驗證事實並估計損失。

②提出可行性建議。

你一旦意識到自己或部門或公司處於危機當中，就給你的老闆提一些將來可能被用到的計畫的步驟。這樣，每個人都會繃緊大腦中的弦，隨時準備應戰。

③ 告訴周圍人員事情的真相。

告訴每個職員真實情況以消除疑慮。你知道得越多，就通知他們越多。即使你所聽到的消息不是好消息，你也可以透過講真話來增添勇氣和自信。

事實上，誰也不可能一次就把恐懼感消滅得乾乾淨淨，每次當恐懼感又悄悄浮現的時候，你就得透過自我對話、想像、期望以及對過去經驗的記憶來好好對抗這個「壞傢伙」。在心裡頭先設想出最糟糕的情況可能會是個什麼模樣。然後想想看如果你成功的話，又會是個什麼樣的景況。態度要務實，如果可能的話，大步的向前邁進。當你面對艱難的挑戰時，只要抱定務實的態度，就能有成功克服的機會。行動能夠平撫焦慮、緊張的情緒，還可以提升人們的自信和自控能力。

「我相信大家都可以成功的克服內心的恐懼，」比爾蓋茲曾向他的公司職員們說道，「就算是自己恐懼的事情也應勇往直前，而且不斷積極努力，直到獲得成功的體驗為止。」

不當好好先生／小姐

比爾蓋茲曾多次鼓勵他的下屬們要勇於挑戰權威，必要時甚至關鍵時刻站出來，挑戰他本人，他說：「請明確的說出你反對的意見和坦率的說出你的想法，我將十分感激。」

如果你自己都丟棄尊嚴，就不會有人在意你、尊重你，而應該大膽地對說出你期望得到怎樣的對待。如果你不這樣做，你就等於給予了你的老闆或與你地位相同的人把你置於一個下等的、低劣的地位的權力。

改變你做事的方式，別人就會轉變對你最初的反應方式。

第一、要求尊重和禮遇。

也許你不能控制別人怎麼說你，但在就怎樣去回應他們的問題上，你就可以選擇。

①適當「寬容」那些無禮者。

粗魯和淺薄的人大都缺乏自尊。他們只會用粗野的行為引起別人的注意，為自己的擔心缺少安全而打架，他們不會用客氣的方法去處理問題，缺乏知識。

②微妙地嘲弄無禮者。

這樣就等於告訴粗野的人，你對於你的工作是充滿自信的，而且要拒絕讓偶然的或有意圖的評論威脅到你，始終保持一個良好的心態，平靜的心態，那麼流言總會不攻自破。

③勇於反對批評者。

遇事要冷靜，並悄悄的保持一顆進取的心。詢問自己表示反對意見的理由，而且請求別人做出解釋。如果你的老闆批評了你的計畫，那你就明確的、具體的問他什麼是所需要的、理想的計畫或者懇請他的指導。

④ 堅定地要求要被禮貌的對待。

如果有人堅持不懈的用他的感覺來漠然無視你的尊嚴，踐踏你的尊嚴，你就用掃帚還擊他，然後離開。

第二、拒絕承擔他人的工作。

在實際工作中，你的同事需要你的幫助，但切忌不要為其不正確的動機而幫助他，你可以表示關心而且仍然要求他們做他們自己的工作並且信任他們的努力。透過意識到他們成長的需要而表現出對他們的關心。建議他們，並讓他們自己完成，那是他們所需的幫助的方式，既增強了你的自尊又增強了別人對你的敬重。

你可以：

① 必要時提供有用價值。

把自己確認為一個貢獻者，少量提供對你同事有利用價值的主意，表示自己是一個合作者。

②把請求轉向另一個方向。

限制你提供建議的部分，機智的拒絕別人請你幫他們的請求，讓同事們承擔自己的責任和義務。

那些丟工作給你的同事們不僅逃避責任，而且他們把你看成一個易被勸服的人，一個易被利用的人。你不會擁有他們的敬重，而且你也不會被自己尊重。所以，勇於拒絕承擔他人工作才是最基本的解決辦法。

第三、控制耽擱並干涉阻撓你前進的阻礙者。

阻礙者經常不會意識到他們在干預別人，他們對你的工作價值不表示任何尊重，他們顯示出缺乏對你有用的寶貴時間的關心和重視。你必須採取一些必要的行動來得到你應受的禮遇，甚至勇敢拒絕那些在你排定的私人時間裡不斷干擾你的老闆，或是在你沒能結束表達你的想法前不斷打擾你的不耐煩的人。總之，不要讓自己再遭虐待，計劃出一些可以讓人尊重你的方法。

①劃分出可以打斷和不可被打斷的時間。

如果你一天中需要數小時集中思考並安排計畫，就和你的合作人交換一下意見，在固定的時間裡接一下對方的電話，或者關上你的門和門口貼上（在十點三十分後可以聯繫），或把你的工作轉移到一個會議室裡或圖書室裡，告訴下屬們他們可以順便走訪你的時間，向老闆請示出一個你可以談論而不被打斷的時間。

②　打斷阻礙你發言的人。

當你在發言或者提供建議的時候，一些粗魯的同事在你結束前打斷了你，你就要打斷阻礙你的人，並且說完你要發表的話，透過避免開場白來避免被打斷。在你開始發言前，先總結出你的觀點，然後再開始解釋，並努力使你的評論是簡短扼要的。維持眼光的集中而且要注意不要讀你的稿子或預先抄一篇稿子，這樣會使你的發言很乏味很容易被人打斷。

③　離開「無聊」之地。

如果你還有其他的工作事務需要離開，那就果斷擺脫那些在業務完成後，還在你的辦公室繼續加以討論的同事。儘管這是一件很困難的事。

當你在左右搖擺思考事情時，他們打攪了你的思路或打斷了你的時間，許多阻礙別人的人並不意識到他們是失禮的，他們不知道，你需要原諒他們的無知。要想避免許多打攪，就控制主動權，更改程序或要求具體的改變。

第四、三思而後行的對付不速之客。

對待人的無禮貌的形式來自於固執己見的同事，他們說服你相信他們知道怎樣去做所有的事情，包括怎樣做你分內的工作。他們不介意用他們的建議填塞到你的喉嚨裡。因此，你必須找到一種方法來阻止這些顧問用他們多事的觀點來左右你。

①展示出你的能力。

把你的實際情況展現在表面，那樣就給了你信心去說，結果你達到了展示自我的目的。

②說服你自己。

做好你分內的工作，用問題武裝你的口舌，那樣就可以讓你想到的辯論出現，問題對於讓別人看到可選之餘的形勢是有用的，而不是直接挑戰這些顧問。

第五、避免下屬濫用你的寬容

有些屬下把公司的生意作為自己的利潤和基礎，他們忽視你的命令，告訴你最後證明他有他的想法。還有一些屬下有他們自己的議程，而且這對公司的需要沒什麼用，懶惰和操縱拖了他們的後腿，經常忘記事情，陷入困境或表示出無助直到有人為他們工作，另一些人對首要的特權嘮叨個沒完。或他們利用公共的時間來整日處理個人的事務。

最好的管理就是訓練他們，幫助他們完成，但要告訴他們，他們對自己的工作要負責任，你必須阻止他們利用你寬大的特性。除非你緊緊抓住規則，屬下們才會在犯規前服從命令，在這些潛在的危險條件下，你所受的尊敬將會消失，實際上你將依靠他們而站立。

如此，你需要做的是：

①解釋你的指示和期望。

作為對寫好的規定的補充，有一些沒寫的和不言而喻的規定要融入員工的理念中。在它成為你和你團隊的問題前覆核一下困難的地方，新員工特別需要這樣的討論。

②同意問題的存在。

屬下們必須知道為什麼有些事要被改正，而且要了解不改正的話可能產生的後果。

③對於那些必須修改的問題採取一致的具體行動。

讓你和屬下明白為了改變結果什麼是必須做的？為什麼要以最大的興趣去做？讓他們接受責任並告訴你解決問題的辦法。

要想帶來名譽，就透過執行你的規定來獲得尊敬。

如何展現工作能力？

在一次公司員工例會上，比爾蓋茲說道：「每個公司都有它自己的文化和格調，都有它進行商務交流的方式，因此你必須時刻清楚它的形式和目標，為公司設定一個切實可行的計畫並使自己與公司的需要相適應。」

比爾蓋茲這句話的意思是，告誡並鼓勵員工要在公司的大文化背景下，努力發揮自身潛力，使自己更適合公司前進的大步伐，把精力集中在對整個公司有益的計畫上。

公司本身就是一個資料庫，只要擦亮你的眼睛，發揮你敏銳的嗅覺，帶上你的「蝸牛觸角」，你很快就會發現施展你潛力的途徑。

時時刻刻提醒自己：公司能從你的才能上獲得多少利益，如何獲得利益？你又能為其他人提供什麼？怎麼提供？

在明確了你的能力和公司需要之後，透過各種方法盡量使兩者結合，考慮一些計畫上的轉變，準備克服一些可能會出現的困難，這就像一個字謎遊戲，在陳述你的計畫之前，你需要進行周密詳實的調查，否則，你可能會計畫進行到一半，就不得不改變行事方法，或是堅持不下去，浪費了時間和金錢。但是，只要你的計畫能招徠更多客戶，能增進更大利潤，能提高產品的銷售額，能使公司得到利益，你就一定會受到關注，一定會走向成功。

第一、展示你的建議和計畫。

你在公司工作，希望老闆可以把一份高薪的工作交給你，你就能一步登天，這基本上是不可能有的，你得發展和完善自己的創意和計畫，然後看準時機，把它交給老闆。

如果你的建議沒被採納，別把這個當成是老闆對你的不信任，更不要氣餒，不要偏激的認為這是對你的不可置否，對你的人身攻擊。而且，你並不知道一共要通過多少道關卡老闆才採納你的建議，也許你只是時機未到，繼續努力，一有任何周密詳實的計畫就繼續發給老闆，只要你能堅持到底，並把建議轉化為行動，你就一定會贏得你應有的榮譽和地位。

現在，開始你的主要工作吧：

①制定計畫。

你認為組建一個新的聯盟很有必要，那就盡快聯繫相對的集團。如果老闆說消費的金額必須要降低，那就跟他說，組建聯盟以後的益處，讓他權衡利弊，如果經費已經被降低，那就建議在你所做的市場調查的基礎上開展行動，留一個二十四小時熱線，隨時接聽客戶的批評和指正。

②在建議改變計畫之前，先搞清原有計畫意圖。

如果你想向一個權威政策挑戰，先得搞清楚，誰制定了這個政策，這時他制定政策的意圖是什麼。要想馴服一匹倔強的馬，要想改變一個看著神聖而莊嚴的旨意，需要花費太多的心思和時間。

③開闢一個「市場」。

給你的計畫擬一個具有吸引力的標題，或是打出一條鼓舞人心的口號，考慮考慮，誰能給你的這個計畫潤色，誰能往你的計畫骨架上加些血肉，使之豐滿，還有誰可以給你提供幫助，開開綠燈，請一些有潛力的使用者，獲取他們的行動，吸取他們的意見，以更好的改進你的計畫。

④ 計畫一定要詳實。

在人力、物力、財力上將會花費多少，預測一下在數量和品質上能提高多少百分比，在轉彎處盡量減少摔跟頭的機會。

你的建議是否被接受、被採納無關緊要，你的目的在於透過提建議，顯示你不僅具有創造力和革新的潛力，而且你是一個很好的企劃者，你是有智慧的思想者，以引起領導者對你的注意。

第二、把你的經驗閱歷跟實際結果連結起來。

擬一個明確的、斬釘截鐵的計畫無疑透露了這樣一個資訊：「我可以完成這項任務，而且可以完成得很好！」但這並沒有和你同事的利益聯繫在一起，所以你還得繼續努力，因為這個計畫是你和同事共同打造的，時刻要想到同事的存在，這樣才更能得到他人的讚許和認可。

① 企劃和收集並試驗你的計畫。

在你和同事的偶然相處談話中，摘取他們的想法。隨機抽查你的客戶們，知道他們對公司產品的觀點，以及他們的觀點對公司的影響。你甚至可以自行研究你們公司的產品和服務。讀公司的日誌紀錄以及貢獻。並形成一個詳實的計畫：一條好途徑，一個好方法就是節省時間，節省金錢的一個途徑。

② 把你所想到的觀點付諸實踐。

一盎司的成功，來源於一噸詳實的分析討論，一些優秀的公司有一個展現自我的過程和測試，你口說無憑，主管人員不會只聽你的口頭表述，他要的是證據，是你的行動，不管在什麼情況下，只要不違反公司規定，你要想證明你的想法觀點，要想證明你自己的實力，根本不要得到任何人的批准，只管去證明就是了。

③ 提供可信的證據。

在闡述你的長遠計畫之前，先有條不紊的開展你的抽樣調查計畫。要能夠顯示這個計畫給公司帶來的益處，切實可行的費用削減，解決可能會出現的問題和障礙，並隨時做好調整工作的準備。

你的計畫不一定每次都會被批准，被採納，但久而久之，你會被認為是一個關心公司生死存亡的人，對於工作所表現出的熱情和渴望會助你成功，但是在提計畫建議時，必須要有證據，證據是最能說服人的，如果這個計畫有你同事的功勞，千萬不要把榮譽都往你自己身上攬。

第三、創造性的工作。

「政策的決定者總在找尋那些能夠解決問題、提高公司利益的人，如果你所「發明」、所建議的工作可以達到這個目標，他們一定會感興趣。」比爾蓋茲說。

抓住「需要」，確定好目標以後，就是衡量自己得經過哪些改進，以適應新的環境，把注意力集中在某一個問題上，別太貪心，東一榔頭西一棒槌，這樣你哪樣都做不好。

①發現問題。

銷售額的降低，是否是因為自上次裁員以後，無人管理業務聯繫？缺職率的不斷上升，是否是因為士氣的降低和人員輸送的匱乏？公文資料堆積得越來越多，是否是因為管理人員們整天忙於毫無意義的形式而無暇顧及實質？

如果你把力量投進去的話，這樣的情況可以改觀多少？這樣的問題常常不是你所站的位置所需要考慮的，但是你考慮到了，炸彈就很輕易的被你發現了。

② 精心打造你的陳述和表達。

即使這些問題源自管理者的疏忽，你的言語中也不能透露出半點對他的不滿，而是要把重點放在你和他的合作上。陳述清楚依靠你的能力和經驗如何可以解決當前出現的問題。如果他對你的意見感興趣的話，建議讓他給你一個簡短的試用期，以看其成果，並談妥，努力去做，這便是你拆除炸彈的機會，一旦成功，你得到的機遇就是以前所不敢想像的。

創造的步驟很簡單，像A、B、C一樣簡單，A（公司的需要）+B（你的計畫）=C（新的工作）時刻調查研究清楚，不停的「進諫」提出你的觀點、計畫，不達目的誓不甘休，然後你的方案實施的可能性就大了。最起碼，公司的行政部門和人事部門都可以記住你的名字。

第四、主動接下任務計畫。

物資短缺，資金流通不暢，公司效益不好，產品市場不廣，諸如這些問題總是源源不斷，接踵而來。你必須一直密切注視著那些有深遠影響的計畫，對於一些有壓力的計畫，主動自願的去執行。

① 自願推出自己的部門。

如果你所採取的行動是老闆認為重要的話，你將會有很多的機會，結識不少的人，如果你想使你經營的部門走向國際化，或是使之對總部做出貢獻。就一定要主動推出自己的部門。那會使你增加獲勝的可能性。

②迅速投入到行動中。

搞清楚你們部門的事業目標是否明確，申請一些必備而你們又沒有的物資資料，迅速投入到任務當中去。每一個部門成員都必須極具責任心，每一次工作之前，都必須了解詳實的資料，並時刻迎接新的挑戰。

③每次會議之前都準備精確的概述。

要求全部門人員加入進行討論並做修改。不管你們的實際工作情況如何，都得給其他人一種感覺：你們為了該項任務盡心盡力、任勞任怨，把最終形成的高品質的報告遞交給老闆或是一些指定的權威機構，並簽上你們部門所有成員的名字。

④由衷感謝你的屬下。

對部門成員的日常準則要有一個明文規定，以更好的實行管理，但任務一旦完成以後，你要感謝部門裡的每一個人，要感謝他們在完成計畫的旅途中做出的不可磨滅的貢獻。

如果有一項計畫，有一個行動對於你的頂頭上司而言很重要，而你又願主動出擊，主動接下這個任務計畫，把自己的能力展現給老闆，展現給公司，那麼你可以有機會「牽住」管理者的眼睛，給自己的未來鋪路。

第五、使你的工作變得更重要。

重新給自己定位，給自己的工作定位。找著適合自己發展的空間，把自己的職業和自己的需要緊密聯繫起來，從現有的工作中獲取你能得到的一切知識和技能。就把當前的這個工作當成是你擴大知識面和交際面的一塊奠基石。

再有，清楚你的工作與整個公司盈利計畫之間的關係，和客戶交談，並了解他們的需要，透過怎樣的轉變，可以使你們的產品和服務對於他們來說更划算，更有價值。這樣，你就會對你的任務、你的工作有一個更深程度的了解，從而使你的工作、服務、產品更加接近標準化，使你在公司的地位得以提高。具體的工作節奏是：

①自願接受額外任務。

忘了你工作的界定，如果你的工作是從事行政，從事管理的，力圖尋找多種途徑來支持你的老闆。要是你想更好的明確工作任務和目標，圍繞你的工作問題無疑是幫你的最有用的方式。

② 適時報告。

對於那些你正在執行的計畫給予一個一分鐘的口頭報告，力求快速、精確、富於生命活力。即使老闆沒向你要計畫書，你也可以遞交，以顯示你的潛能和實力，把你所做的有價值的估算列印出來，給老闆以及那些富有影響力的人。

③ 以不同的原則和方式對待不同的人。

對待不同的人，得有不同的處事態度。你現在的目的是想提高你的服務，向老闆提供有價值的建議並立即採取行動。你可以根據對你影響力的大小，決定對不同人的態度和方式。

新的任務通常可以用較小的投資風險獲取較大利潤，而新的任務通常也可以帶來新的機遇，但是「機遇只降臨給那些事先有準備的頭腦」。一切都得靠你自己去尋找和探索。

提升你的「焦點力」

每個人都在推銷自己，展示自己的知識和才能，但是不要出賣自己的靈魂。現在，你只需把注意力放在一個問題上：讓別人有興趣聽你自述成就。當你開始「推銷」自己的時候，你會發現這對於提高你的自信、展示你的才能相當有效。

第一、提高自己的知名度。

透過各種途徑擴展自己的資訊。如音訊、影片、組委會、任務監督組、國內外的辯論賽、課程、討論、面對面的會談、公報、海報欄、傳真、文章、雜誌、電影、圖片等；葡萄藤式的各種關係網、各種郵件、函件、傳真等；會議、由職員和客戶寫的信件、意見簿、報紙類；新聞和預聞、科幻、信件文函、交談會或專業手冊、職業手冊、職業導向、職業會議、交流會；廣播和電視、新聞、現場脫口秀、公共服務申明、口述或筆記的報告；演講的報告、調查、學習、詢問、電話；參加研討會、公司會議及各種大型會議，透過聲音和圖畫增強資訊量。

主動提出授課或參加培訓，顯示你的洞察力、你的觀點、提供解決問題的方案。傳遞影片資訊，掌握資訊的流程，傳遞新資訊，以便快速採取行動、制定決策、提出異議，顯示你的創造性。

提供解決問題的方案，顯示你的經驗和資歷。從中看出你們成敗得失，並可提供相關意見，報告最新動態。

遞交可以陳述你的意見、可以給公司盈利的文章，提高消息的精確度，提供專業消息、聚集消息，使你和公司有更好的交流，贏得別人的支持，顯示自己的實力。

宣揚事件及分析動態，隨時把與你有關的消息匯報給老闆，使別人對你的業績表示讚揚，顯示出你的才能。

贏得外界對本公司的信任和支持，提高自己的演講能力。查清事情的原委真相、發展趨勢，得出結論，做出行動。時刻與外界保持密切的聯繫，採取果斷的行動，使消息得以互融，對公司對個人都有很好的促進作用。

第二、拿出你的想法。

公司需要那些可以獨立思考、獨立解決問題的人。如果你有什麼重要的觀點意見想要發表的話，就尋找一個恰當的時機，不管在不在你的控制、管理範圍之內，你都得留心好機會，不能讓它從你的鼻尖下跑走。

對於你的一些較為成型、成熟的想法的宣傳，可以這樣做：

①提供觀點寫成文章。

你發現了一個更好的解決工作困難的辦法，可以把他們打成簽名文件，發給同事，他們共同探討，這可以成長你的經驗，並可以提高對你的信任度。

②與當地的報社聯繫。

和你的老闆商量商量，因為這可能得與你公司的利益或者公關關係聯繫起來。既然這項決議、這個觀點對公司有利，公司的人必會主動找你聯繫。你所建議的東西必須要有廣泛的社會利益。

③ 發放關於你工作的文稿影本給資深人士。

為擴大自己的影響，擴大社交面、關係網，把文稿影本張貼於公告欄或者分發給一些有影響、有資歷的人。

如果你能尋找適宜時機遞交文件並使它列印成鉛字的話，這無疑於給你的自信的氣球吹氣，更加仔細的閱讀新聞報紙雜誌，看看裡面文章的類型以及所涉及到的內容，事實上，只要留意一週，你就可以很快的學會往哪些欄目投那一類型的文章。

第三、鎖定焦點，進行非正式的檢查。

非正式的檢查可以讓你始終把手指按在時代的脈搏上，始終鎖定焦點。採訪、詢問、電話查詢是你檢驗、改變自己的態度和方法的可行方法。充分利用這種方法，有時候你會有意想不到的收穫。

① 研究態度。

一週之前，當老闆說每個人都對改變做事方式有抱怨聲、有牢騷聲、有嘆氣聲。你堅信：指出一個真正的反對意見很有必要，這樣才可以更好的加以解決。所以你開始了調查訪問，以得到最真實的回答。

②鼓舞士氣的調查。

空氣中到處都是緊張的氣氛，你很難平定，你採訪了這麼多人，別人能確切的說：員工為什麼越來越糟，頻頻犯錯，並且都是無精打采，毫無熱情；為了得知真實的原因，並知道公司上下不滿情緒到底到了何種程度，你所做的調查就得能夠振奮人心，鼓舞士氣。準備一張單子，你能想像多少原因，你都列舉下來，然後一一校對。留下空白，寫下其他原因。最後將這些答案做成一個彙編，這會在地道裡亮起一盞燈，為你以後的工作鋪平道路。

③預測調查結果。

看看你的同事和屬下如何選擇需要，並且如何評估效果。這透過電話就可以很快搞定，每個被採訪者都被問了同樣的問題；結果必然對做出的決定（至少是影響決定）很有作用。

如果你能夠給老闆傳遞一個資訊的精髓，或者你可以帶領你的部下，做出一個明智的決定，那你對公司就有了價值，你就贏得了你該有的榮譽和尊敬。

第四、有準備的參加交流研討會。

讓你的部門不定期的非正式的集合一下，開個會，可以顯示出你的才華和能力，而且還可得知你的努力和成果。如果你可以提出明智的觀點，採取有效行動，問一些相關問題，你就會從人群中脫穎而出。對此，你需要做的具體工作是：

①有準備的參加會議。

以一個新奇的開頭——比如一分鐘的錄音作為開場白，這可以使你不至於散漫無邊，而可以一下切中重點，充滿自信的作演說，最重要的不是一味的唸稿子，而是要保持眼神的交匯，只需列出一個提綱，而看到提綱就可以聯想到自己想說的內容。

②主次分明的進行演講。

在會上發言之前，可以在家把自己要說的話錄下來，進行修改、潤稿。然後你可以透過問題引起自己的觀點，在演講時，尤其要注意主次分明，這樣會顯得你非常用心的在工作，也展現了你這個人的素養。

③及時注意討論的方式。

如果有些觀點、有些資訊非常不得人心，那就沒有繼續討論的必要。如果現場的討論非常熱烈，那就建議分為幾個小組進行詳細討論。同時主動在會議後與人交換意見，透過靈感腦波，形成良策，或是主動收集各小組的討論結果，透過群力攻關的結果，你在演講的時候講出來，必會達到一種效果，顯示你的機智與周密，同時也成長了你的閱歷和經驗，使人對你刮目相看。

參與到會議中來可以給你打上強力聚光燈。你在顯示自己的同時，也作為公司的一位要員參加工作。透過職工大會，施展你的才能，顯示你的魄力，散發你的光芒，雖說「是金子總會發光」，但為了早日發光，消極被動絕對不可以，你須積極主動才行。

第五條準則

在對周圍事物具有高度洞察力的同時，你必須具有合理的知識結構和積極的學習態度。

學歷不等於專業知識

知識有兩種，其一為一般性知識，其二為專業知識。知識本身不會引來財富，除非加以整合，並以實際的行動計畫精心引導，才能達成累聚財富的確切目標。上百萬人不了解這個事實，以致誤解了「知識就是力量」，他們的誤解正是混淆的根源所在。根本不是這麼回事，知識只不過是「潛在的」力量而已。只有在經過整合之後，變成確切的行動計畫，才能尋向確切的目標。

很多人都犯了一個錯誤，就是以為「比爾蓋茲輟學，不是完整的受過『教育』的人」。犯這種錯誤的人不了解「教育」一詞的真正含義。這個詞的拉丁字源，意思是有品質地開拓延展、推理演繹。

比爾蓋茲曾這樣說過：「受過教育的人不見得要具備豐富的專業知識或一般性的知識。受過教育的人是已經發展自己的心智慧力至相當程度，可以得其所願，不會侵犯他人權利。」

在你確認自己有能力化渴望為對應的財富之前，你必須先取得專業知識，以提供服務、商品或做某個產業，換取金錢。說不定你需要具備的專業知識比起你真心想學或能力所及的要多出很多。如果真是如此，你便可借助你的「智囊團」來彌補你的弱點。

愛迪生一輩子只上過三個月的「學校」，但他並不缺乏知識，也沒有潦倒一生；亨利·福特連小學都沒有畢業，在財務上卻自力更生，乃至白手起家。

比爾蓋茲沒有念完哈佛大學，就踏入社會創辦了微軟。

首先、要取捨一下，你需要哪一類專業知識？以及需要的目的何在？你人生的主要目標，你朝著努力的方向，是幫你決定需要知識的重大成因。解決了這個問題，你的下一動作，一是你要有正確的資訊，要知道哪些知識來源是靠得住的。其中最重要的是：

- 每個人自身的經驗和知識。
- 經由他人運作（智囊聯盟），可以得到的經驗和知識。
- 大專院校。
- 公立圖書館（在圖書期刊可以找到所有經文明整合過的知識）。
- 特定訓練課程（尤其是在夜校和在家研讀電大、函授課程人）。

二是吸收知識的時候，還必須加以整合和利用，借著務實的計畫達成確切目標。除非知識能針對某個值得目力的目標應用才能獲益，否則知識本身是沒有價值的。

如果你考慮要再讀一點書，首先要拿定主意，你尋求知識的目的何在？然後確認可靠的消息來源，這種特定類型的知識可從何而得？

各行各業的成功人士不停止學習與其產業、主要目標、生意相關的專業知識。成就不大會讓人有機會學習取得實用知識的方法，如此而已。當今的時代，是專業的時代！這則真理是前哥倫比亞大學就業輔導主任羅伯·摩爾在一則短文中強調過的。

某些領域的專業人才，尤為招募員工的公司所看好。例如：受過會計、統計訓練的賞學院畢業生，各類工程師、建築師、化學師。新聞從業人員，以及資深傑出的主管、活動人員等。

某家領先群倫的工業公司寫信給摩爾，提到該校被看好可以去該公司上班的高年級學生時，說：

「我們是想找出可以在管理工作上大放異彩的人。因此我們強調人格特質、聰明才智以及操守品行，遠甚於特定的教育背景。」

「實習」就是暑假在企業、商店的「實習」的體制。摩爾主張，每個學生在大學接受了通識教育，或三年後，都應該開始為自己選擇「未來的確切方向」，而實習就是讓學生提前了解自己未來所需的知識和技巧的機會。

摩爾說：「大專院校必須面對實際的考驗，所有的產業職位如今要的是專業人才。」他敦促教育機構應該承擔更多就業指導的直接責任。

多數大都市裡都有夜校，對需要專業教育的人士來說，夜校是最可靠且實在的知識來源。函授學校可以將專業訓練送達郵政體系所及的任何地方，經推廣的方式教授所有科目。在家受訓的好處是課程有彈性，讓學員可以在閒暇之餘進行。另一個好處（如果慎選學校）是，大部分函授學員都有諮詢的特權，對於需要專業知識的人士而言，這可真是無價之寶。不論你家居何處，都能受惠。

第一次世界大戰期間，芝加哥某報登了一篇社論，諸多論點當中，亨利．福特被稱為是「無知的反戰者」。福特先生針對該言論提出抗議，訴諸法律，控告該報誹謗他。法庭審理該案時，報方律師為證明報社無罪，要求法庭請福特先生本人到證人席，以便向陪審團證明其無知。報方委任的辯護律師問了福特先生各種問題，無非是為了要用福特先生自己來證明，他雖擁有不少製造汽車的相關專業知識，但大體上仍是所知無多。

福特先生遭到了如下這類問題的炮轟：

一個人提出這樣一個問題，「英國派了多少士兵到美國鎮壓西元一七七六年的叛亂？」回答這一問題時，福特先生答道：「我不知道英國派來士兵的確切人數，但是我曾聽說，派來的人數比生還的多得多。」

最後，福特厭煩了一長串的回答，在又碰到一道特別不懷好意的題目時，福特先生就靠過去，伸出手指對著發問的律師說：「如果我真的要回答你剛才提出的問題，以及你們從剛才到現在一直在問的那些問題，我可以提醒你一點。我的書桌上有一排電鈕，只要按一按電鈕，就可以招來幫忙的人。那麼，請你好心一點告訴我，有這些人在我身邊隨時提供我想要的知識，我為什麼還要為了能回答問題，讓自己的頭腦擠滿了一般性的知識呢？」

這個回答還真有點道理。

這個答覆擊敗了那位律師。法庭上每個人都心知肚明，這個答覆不是無知者的答案，而是受過教育者的答案。受過教育的任何一個人都知道，在需要知識時，該上哪裡去取得知識。並且知道，該如何把知識整合為確切的行動方案。亨利．福特可以借著「智囊團」之助，隨時讓所有使他成為全美首富的專業知識唾手可得，他未必須要自己具有這種知識。

人性中有一種無可救藥的弱點，這個人性共同的弱點是得過且過，苟且偷安。然而，規劃閒暇供自己在家研讀的人士，是不可能較長時間被一個公司長期錄用的。

很多人會找藉口說：「我還要養家糊口，我不能去上學。」或者說「我太老了。」這裡，需要強調指出的是，美國著名營造工程師斯托．衛爾回學校上課的時候已年逾不惑，並且已婚。更甚的是，斯托．衛爾仔細挑選了法律最強的多所院校去修高度專業化的課程，大半法律系學生需要花上四年的課程，他只花費兩年就讀完了。知道如何購得知識，絕對值得你積極行動，努力去做吧。

一個優秀的員工應是自主的、不斷學習的人，因為唯有如此，才有不被這個時代，不被所就職的該家公司所淘汰。

優秀人才必備的知識結構

所謂知識結構就是，各類知識在人頭腦中按照一定的比例形成的，能夠產生整體功能的系統組合；而合理的知識結構則是使這種整體功能達到最佳效果，一般情況下，合理的知識結構具備下述特點：

第一、以廣博為基礎。

社會越發展，對人們的知識面要求越寬，尤其是在目前的競爭社會中，人人都要學會創造、學會開拓，而創造開拓都離不開創造性思維。創造性思維一般包括：一是對已經熟識的事物有意識的持懷疑態度，把已有定論的理論、經驗、做法，按照自己的觀點和思路去進行驗證或解釋，從而獲得新的突破和發現；二是對陌生事物持理解的態度，用人們常用的觀點和分寸去進行衡量或比較，進而開拓新的知識領域。而這兩種態度，都需要具有廣博的知識。

但是，這種廣博也並不是說什麼領域的知識都要具備，廣博的知識也需與將來的發展目標相聯繫，所以它需要有選性和指向性。

經過科學測算發現，在人的知識寶庫中，經常有用的知識，只占其知識總量的百分之十至百分之十五。而這些「經常有用」的知識，又按照每個人的職業和工作性質，成一定的扇形分布。這種「扇形分布」，絕不是無規律的散亂分布，而是按照科學的內在聯繫組成的系統知識。因此，對於工作繁忙，時間十分寶貴的企業員工來說，完全沒有必要不加選擇的盲目求「知」，在學習上打疲勞戰、消耗戰，而應該根據自己的職業和工作性質，將最寶貴的時間和精力，優先用於學習「扇形分布」內的系統化知識。只要獲取了這一領域內的多方面知識，同樣可以稱得上「博」。

第二、以精深為支柱。

雖然什麼知識都具備，如果都是知道「皮毛」和大概，那麼這樣的知識對員工來說也是作用甚微的。所以企業員工還必須在「扇形分布」內，具備某一兩方面起主導和核心作用的專業知識，即「精」。博，是知識基礎；精，則是知識支柱。現代企業活動對各層次員工的知識精深度，提出了十分嚴格的要求，過去那種「一招鮮，吃遍天」的傳統觀念，已經越來越不能適應新形勢的需要了。取代這種舊觀念的，應是「多招鮮，吃遍天」的新觀念，也就是人們常說的「複合型」知識人才。

無論是廣博和精深，員工的知識結構同樣都要求有導向性，要有目標的進行知識的學習和累積。形象的比喻起來，員工的知識結構應能像探照燈那樣，射出明亮的能夠照亮遠方目標的「光柱」（專業知識），而這些光柱周圍，則包圍著一層淡淡的「光霧」（系統化的知識面）。由「光柱」和「光霧組合成的知識結構，才是具有明晰指向性的合理的知識結構。

第三、以活用為根本。

企業員工要構建最佳的合理的知識結構，還必須要積極參加豐富多彩的實踐活動，以便能多方面、多角度的累積各種感性知識和實踐經驗，靈活運用各種書本知識。這種對知識的靈活運用，也是對自己各種知識的一個消化過程。之所以要對各種知識進行實踐運用和驗證，原因主要有四點：

① 書本並不是獲取知識的唯一來源，從實踐中累積知識，同樣是獲取知識的重要管道，而且可以作為對書本知識的一個重要補充，學到書本上學不到「活」知識，從而形成合理的知識結構。

② 學習書本知識儘管十分重要，但絕不能機械的照搬照抄，而必須透過實踐，結合具

體情況，靈活運用，並在實踐中不斷豐富和發展原有的知識。

③心理學常識告訴我們，每個人在學習書本知識時，都存再根據自己的感性經驗來理解和體察書本知識的傾向。倘若感性知識過於狹窄和片面，則會影響對書本知識的正確理解，甚至從本來正確的書本知識中引申出荒謬的結論來，而豐富的感性知識，只能來源於多種形式的實踐活動。

④在書本知識和實踐知識之間，以及在各類知識之間，都存在著一定的系統聯繫，注意這些知識之間的相互作用和相互影響，將有助於加快對各類知識的理解和消化。而這種知識間的系統聯繫和相互作用，基本上依賴於實踐來發現和體驗。

因此，我們說，不管你掌握了多少種，又是多麼精深的各類知識，如果你不能把它靈活運用到實踐中並把它在實踐中完善和發展，那麼你所學的知識只能是「死」知識，它對你構建合理的知識結構毫無用處，只有對之靈活運用才是根本和關鍵。

比爾蓋茲說：「我從不費力去『管』我的員工，因為他們都具備廣博的知識和靈活的頭腦，而我還有自己的事情要做。」

企業培訓有必要參加嗎？

比爾蓋茲說：「對於那些樂於積極參與微軟管理的職員，我們總會盡力讓他們得到更多的培訓機會，因為他們個人的成長是與公司的發展密切相關的。」

目前，很多大公司都會對員工開展一定的培訓工作，以不斷提高員工的各種素養和技能。如 Motorola 每年用於員工培訓的開支就超過十億美元，他們不但對員工進行每年四十小時的正規培訓，而且還進行各種額外培訓工作。例如他們將教育與公司的業務目標相結合培訓課程。此外他們還設立了 Motorola 大學對員工進行培訓。學校課程由「輔導工程師」制定，內容包括批評式思維、解決難題的方法、管理、電腦、英語補習和如何使用機器人等。

Motorola 大學大力宣導嚴密、高效率和主動進取的文化。

Motorola 大學校長威廉姆．A．威根豪恩說：「我們是統一行動的團隊。」

為鼓勵員工重返學校的培訓計畫，Motorola 採取了一些必要的措施。譬如：掌握一門新技術可以使員工有資格晉升。

為使培訓課程具有趣味性，課堂上的許多問題來自 Motorola 公司的實踐；教師採用生動的教學方式，落後生還可以得到教師的單獨輔導。如果有些員工仍達不到應有的要求，他們就可能被降級。

實際上，課堂教學不僅是Motorola公司培訓的一部分，更重要的是「現場操作」或實習。

由此可見，企業培訓工作從各方面都受益匪淺。因此，企業員工要抓住企業培訓這一契機，學習各種知識不斷提高充實自己。雖然別的公司的培訓也許不如Motorola正規和嚴格，但是目前很多企業都已看到企業培訓的好處，在今後趨勢中，他們一定會越來越重視該項工作，有位公司老闆就曾深有感觸的說：「目前和未來社會中，科學技術的發展和社會關係的日益複雜化，不僅使知識在企業中日趨重要，而且使培訓成為一種日常活動。」

所以，企業員工要想成為老闆欣賞的人，就必須重視企業的培訓工作，並給予積極的配合。因為企業培訓的目的就是要使員工成為知識豐富、業務熟練、敬業負責的人，成為企業中流砥柱，並藉此增進員工之間的團結精神及相互間的依賴關係，形成自己的企業文化，並對員工進行實際的為人處世教育。

如何建立有效的人際網？

這是自身學習能力提高的前提基礎，畢竟個人的知識水準是有限的，要想提高自己，就必須能廣泛吸收資訊中的必要知識，並樂於嘗試新思想和新經歷，同時，這也是個人良好的修養的一種表現。只有不故步自封、固執己見，才能認真傾聽他人的想法並公正的評價他人的主張，從而達到取長補短改進自己的目的。

譬如：你剛被從總公司分到分公司，對那裡的情況一無所知。等你到那裡的時候任務都已經分配完了。如果你事先有所了解並有所準備的話，你很有可能已經接下一份舉足輕重的專案。反之，這樣一來還將會給你帶來兩個方面的困擾：

①你喪失了讓別人對你認可的機會。

②你把自己從重要的資訊源泉中分離出去。

因此，你必須：

第一、使出渾身解數與人保持聯繫。

①仔細聽清楚上司與你的單獨談話，以及在職員大會上所說的話，讀一些行動命令，政策和備忘錄，以及公司文件，以更好的明白上司的話。

②平時多和同事、下屬接觸聯絡，聽取他們的一些觀點，吸取他們的精華，再摘取別人寫的文章中的語段要點，兩者結合，形成有用的資訊。

③如果你覺得這資訊足以讓你的上司提高對你的重視程度，那就主動提供這些資訊。

定期提供最新資訊，以保持你和老闆之間的交往和聯繫。

④如果你被要求答一個高階行政主管的問題，那在做完應答之後，務必簽署你的名字。

第二、從多方面獲取資訊。

①和每個層級的人交朋友，尤其是你的部下和助手。

②如果你準備獎勵創新，獎勵工作表現先進者，鼓勵員工提出建議和意見，那麼，你對你的職工的想法必定有了一個很好的了解。這同時也可以形成你和職工的互動，使你們之間有個更好的聯繫，使得他們的意見可以得到更好的回饋。

③如果你能表現出你很信任而且關心他們，他們就可以暢所欲言，你們才有可能打成一片。同時為了鼓舞士氣，你也應該做些必要卻很簡單的事情。比如：讓他們知道，他們的那個建議提得相當不錯，已獲准通過。

第三、給人留下好印象。

①經常和同事交換資訊，早上上班時別直接走向辦公桌，而是和同事聊會兒天，等電梯的時候也別浪費時間，通常瑣碎的時間都可以聯絡感情，一週和同事喝幾次咖

啡，吃幾次飯，你不需要和他們每個人都成為好朋友，你只要對他們每個人都友善就夠了。

② 行為舉動都能符合你們部門的規章制度，做一個好職員，好同事。

第四、透過互動交流獲取更多資訊。

透過面對面的交談。你可以傳達很多資訊，同樣也可以接收到很多資訊。他們會透過他們的動作和肢體語言向你傳達資訊，你甚至可以從他們的走勢和站姿洞察到他們的想法，從他們的表情看出端倪。

面對面的談話還給了你另外一個優勢，你可以透過觀察他們的反應來取得最深層的暗示。你除了聽和說以外，你還可以看，你可以觀察他們中有意識的、有目的的動作信號，並使之與你認為他們語句中可能存在的暗示資訊相結合。

如果你堅信你的老闆會認為你是一個有想法的人，那就安排一個面對面的談話，和各階層的人會面都行，你不但可以傳遞你的觀點和計畫，並可以累積到更多的經驗和資訊。你還可以和你的部下會談，因為他們也希望有個機會可以展示自己，並且也希望自己的觀點能被別人知道。這樣還能使他們感到你為他們的工作而驕傲。他們需要你看著，並且得到你的讚許和認可。如果你能夠和他們平起平坐——面對面交談，他們會很高興，也就更願意把自己的觀點和想法毫無保留的交流。

除非想被炒，否則你沒有不學習的理由

比爾蓋茲說：「一個人如果善於學習，他的前途會一片光明，而一個良好的企業團隊，要求每一個組織成員都是那種迫切要求進步、努力學習新知識的人。」

隨著歲月的流逝，你賴以生存的知識、技能也一樣會折舊。在風雲變幻的職場中，腳步遲緩的人瞬間就會被甩到後面。如果你是工作數年自認「資深」的員工，也不要倚老賣老，妄自尊大，否則很容易被淘汰出局。那時候即使你是老闆眼前的紅人，他也會為了公司的利益，逐你出局。

美國職業專家指出，現代職業半衰期越來越短，所以高薪者若不學習，無需五年就會變成低薪。

就業競爭加劇是知識折舊的重要原因，據統計，二十五歲以下的從業人員，職業更新週期是人均一年又四個月。當十個人只有一個人擁有電腦初級證書時，他的優勢是明顯的，而當十個人中已有九個人擁有同一種證書時，那麼原來的優勢便不復存在。未來社會只有兩種人：一種是忙得要死的人，另外一種是找不到工作的人。

所以，不斷學習才是最佳的工作保障。

在職場上奮鬥的人的學習必須以積極主動為主，因為它有別於學校學生的學習：缺少充裕的時間和心無雜念的專注，以及專職的傳授人員。

要想在當今競爭激烈的商業環境中勝出，就必須學習從工作中吸取經驗、探尋智慧的啟發以及有助於提升效率的資訊。

年輕的彼得．詹寧斯是美國ＡＢＣ晚間新聞當紅主播，他雖然連大學都沒有畢業，但是卻把事業作為他的教育課堂。最初他當了三年主播後，毅然決定辭去人人羨慕的主播職位，決定到新聞第一線去磨練，做起記者的工作。他在美國國內報導了許多不同路線的新聞，並且成為美國電視網第一個常駐中東的特派員，後來他搬到倫敦，成為歐洲地區的特派員。經過這些歷練後，他重又回到ＡＢＣ主播台的位置。此時，他已由一個初出茅廬的年輕小夥子成長為一名成熟穩健而又受歡迎的記者。

專業能力需要不斷提升組合以及刺激學習的能力相配合。所以，不論是在職業生涯的哪個階段，學習的腳步都不能稍有停歇，要把工作視為學習的殿堂。你的知識對於所服務的公司而言可能是很有價值的寶庫，所以你要好好自我監督，別讓自己的技能落在時代後頭。

透過在工作中不斷學習，你可以避免因無知滋生出自滿，損及你的職業生涯。

另外，很多有規模的公司都有自己的員工培訓計畫，培訓的投資一般由企業作為人力資源開發的成本開支。而且企業培訓的內容與工作緊密相關，所以爭取成為企業的培訓對象是十分必要的，為此你要了解企業的培訓計畫，如週期、人員數量、時間的長短，還要了解企業的培訓對象有什麼條件，是注重資歷還是潛力，是關注現在還是關注將來。如果你覺得自己完全符合條件，就應該主動向老闆提出申請，表達渴望學習、積極進取的願望。通常老闆對這樣的員工是非常歡迎的，因為這對公司的發展是有好處的，同時技能的成長也是你升遷的能力保障，很多公司都是在接受培訓的員工名單中提拔管理層人才。

假如在公司不能滿足自己的培訓要求時，也不要閒下來，可以自己額外出資接受「再教育」。當然首選應是與工作密切相關的科目，其他還可以考慮一些熱門的專案或自己感興趣的科目，這類培訓更多意義上被當作一種「補品」，在以後的職場中會增加你的「分量」。

隨著知識、技能的折舊越來越快，不透過學習、培訓進行更新，適應性將越來越差，而老闆又時刻把目光盯向那些掌握新技能、能為公司提高競爭力的人。

新世紀的經濟發展已經表明，未來的職場競爭將不再是知識與專業技能的競爭，而是學習能力的競爭，誠如比爾蓋茲所說：「一個人如果善於學習，他的前途會一片光明，而一個良好的企業團隊，要求每一個組織成員都是那種迫切要求進步、努力學習新知識的人。」

那些工作上無法預期的事

比爾蓋茲多次對公司的一線員工強調：「為了應付有些無預期的事而要做好完全準備工作，並應在你投入一件工作前盡可能努力學習。」

面對日新月異的社會變化，如果你不能擁有終身學習的觀念，那麼你將失去很多。比如：比爾蓋茲可算是資訊產業的「龍頭老大」了，可是就因為他後來有點小看了事態發展狀態以致未能察覺資訊產業內所發生的根本性變化，失去了唾手可得的新機會。

因為，當時微軟的高層老闆們沒有關注網路的發展，直到一九九五年八月 Windows 95 上市後，他們才權利投入網路。可是，這時，抓住時機先投入網路的網景公司的股票在發行後的第一天就從二十八美元漲到五十八美元，在其股票上市十九個月後，網景公司的總裁便成了億萬富翁。比爾蓋茲是在微軟成立十二年後，才達到這個水準的。而且，一九九五年十一月六日，因為微軟在網路領域沒有成績，戈德曼．薩克斯公司在「推薦購買」表中去掉了微軟的股票。

一九九六年六月，比爾蓋茲將注意力轉向公司網，可比爾蓋茲承認必須用一年的時間，才可能擺脫困境，那是因為他錯過的不是一點點機會。

由比爾蓋茲微軟的教訓可知，面對這樣一個終身學習的社會，你無論制定怎樣的生存計畫，都必須確立自己終身學習的觀念，只有如此你才能展翅高飛，遊刃有餘。如果一踏入社會你就失去了學習的心，那麼失敗離你為時不遠了。而反之，若能將工作當作一生的工作而埋頭苦幹，不斷進修、不停創造新的東西，始終能「活到老學到老」，你的進步一定是無窮的。這種人就能日日以清新愉快的心，有效率的做自己的工作。

這樣他自然就有希望，不至於失去理想，當然也不覺得疲倦了。

第六條準則

員工最需要的職責就是做事。任何一個公司都希望自己的員工做事有效率，做事有能力。因此，一個合格的員工必須要有良好的工作習慣且做事能事半功倍。

三步驟看你的時間都浪費在哪

要向好的方面改變，就必須常常與那些多年養成的某種習慣進行抗爭。改變你的行為模式有兩種方法。一種是強迫自己按照新設計的行為模式去做，直到這種模式成為你的一種習慣為止。另一種是利用獎勵辦法使自己逐漸形成一種新的習慣。

如果你要徹底改變你原來的行為模式，你就要認真採取一些對策，以幫助你加強或消除某些習慣。

第一、分階段實施法。

當你發覺自己在拖延一項重要的工作時，你可以盡量把它分成許多小而易於立即去做的工作，而不要強迫自己一下子完成整個工作，但要做好你表中所列的許多「階段工作」中的一項。

例如：你已經拖延很久，不去打一個你應該打但可能會令你不愉快的電話。在這種狀況下，採用「分階段實施法」你就可以這樣去做：

①查出電話號碼，並且寫下來。

②定出一個打通這個電話的時間。（要求你立刻去打通電話顯然有些超出你現有的意

志力量，因此讓自己輕鬆一下。但是要有個補償，那就是堅定的承諾在某一時間打通這個電話，並且把這個時間寫在你的桌曆上。）

③ 找到一些相關的資料，看看這個電話到底與什麼有關，究竟是怎麼一回事。

④ 先要心裡想好自己要說些什麼。

⑤ 打通這個電話。

如果這是一件重要工作，而且細分的階段也很多，那就排一個詳細的計畫表。但是要使每一件細小工作簡化便捷到可以在幾分鐘之內做好。這樣當你在每次與人會談之間，或在等電話的幾分鐘內，就可以解決一兩項立即可以做好的小事。沒有這張工作分段表，你可能永遠不會著手去做這件大工作。

請記住：這項整個工作的第一階段——第一件可以立刻去做好的小工作——就是用文字列出這件整個工作進行中的許多分步驟。

「分階段各個擊破」的原則不只可以用在作戰計畫之中，也可以用於工作之上。只要你動動腦筋，任何事都可以迎刃而解。

第二、設計平衡評估表。

使你脫離困境的另一個好辦法，是用文字來分析你所要做的事情。

在一張紙的左邊，列出你拖延某一件工作的所有理由，在右邊則列出你著手完成這件工作可能得到的所有好處。

這樣對比後的效果會極為驚人。在左邊你通常只能有一兩個情感上的藉口，諸如「這會遇到尷尬的場面」，或「我會覺得很無聊」等等。但是在右邊，你會列出許多好處，其中第一個好處就是完成一件令人不愉快的工作的那種解脫感。

這種效果表現得非常快速而富有戲劇性。你會從怠惰中清醒過來，並開始工作，獲得你表中所列的許多好處。

第三、養成有系統的習慣。

第三種方法，也是最基本的方法，是基於我們認識到不能立刻採取行動，並不是因為這件工作有什麼特別的困難，而是我們又已經養成了拖延的習慣。拖延很少是因為某些特定事項，通常是由一種根深蒂固的行為模式所導致。如果我們能夠改變思考習慣，前面的兩個方法就不很重要了。

這種事實非常重要。那些做事效率高和效率低的人的最大差別往往在於，做事效率低的人習慣這樣想，這件工作雖然必須做，卻是一件令人不愉快的工作，因此我盡量把它擱著。而高效率的人則習慣於這樣想，這項工作辦起來雖然會令人不愉快，卻必須做，因此我現在就要把它辦好，好早一點把它忘掉。

對於很多人來說，一想到要改變某種根深蒂固的習慣，他們就感到不自在。他們已經努力過好多次，單純以意志力量來改變習慣，結果都失敗了。其實並沒有什麼困難，只要你採用合適的方法。

美國心理學之父威廉．詹姆士有一篇談習慣的著名論文，他討論過一種辦法，曾刊登在西元一八八七年的《大眾科學》雜誌上。後來的行為學家經過研究，也確認這個辦法有效。如果我們將它應用到改變拖延習慣上，這個辦法大致是這樣的：

① 你受到我們所說的這些觀點的激勵時，就立刻決定改變舊習慣。迅速採取這第一步極為重要。

② 不要試圖一次做太多的事情。不要想一下子完全改變自己，現在只要強迫你自己去做你所拖延的事情之一。然後從明天起，每天早晨開始，就做「待辦事項表」上最重要的一項。對於最重要的事項，我們應該分配一段特定的時間去做。最令人不愉快的事常常只一件小事，如：

- 你早就想提出的道歉；
- 你一直沒有和你的一位同事面對面澄清的問題；

．你早該解決的一項令你厭惡的雜事。

不論它是什麼，你一定要在你拆閱信件、回撥昨天留下的電話，或辦理你每天早晨例行工作等等之前，把這件小事情解決掉。

這個簡單的辦法很可能決定你一整天的心情。一天雖然過去了十五分鐘，但你已經辦好你一天必須做的最令你不愉快的事情，這樣你就會有一種輕鬆愉快的感覺。這樣做幾天以後，你就會養成一種終生不變的習慣，這正是行為學家所稱道的自我加強的行為——這種行為會給你帶來實質性的獎賞，因而可以鼓勵你繼續朝著好的方面轉變。這也正是嬰兒學習站立的途徑。嬰兒從站立中獲得的成功感，加強了完成第一次站立所進行的各種動作，而這些動作程序不久就變成第二天性。同樣的，「現在就做」的習慣也可以變成第二天性。

雖然你一天只強迫自己照這個辦法去做一次，但是你不久會發覺這會影響到你一整天的決定。別人每交給你一項不愉快的雜務，你都會渴望把它先解決掉，好迅速得到解決此類工作之後的那種愉快感。

這個辦法的妙處是改變了你對雜務的心理感受，因而在你面前不再有任何你根本不打算去做的事情。你打算去做那種雜務，否則你不會把他列在你的「待辦工作表」中。這個辦法會使你輕易的把這件工作列為第一項，而不是第五項或第十項。

③ 你要接受一項忠告——在你的新習慣逐漸固定型成這段時間，尤其的在頭兩個星期，你必須要特別小心，不容有任何例外。

威廉．詹姆士以繞線球來做比喻：當線球滑落到地上一次時，就可以毀掉好多次的努力。因此，你只要連續兩週在每一天的頭幾分鐘嚴格約束自己，保證你會養成一種無比寶貴的新習慣。

現在就請你接受這個辦法，並且開始照著去做。

列出時間記事表。時間記事表是控制時間最有效的工具之一，一不要把填寫這種表當作例行公事。它是一種自我診斷與自我指導的方法，每隔幾個月，特別是當你做事效率減退時，要採用這種方法來提高你的做事效率。使用這種記事表要比看起來容易得多。

做一張每日時間記事表，根據你自己的狀況不斷加以修正。這種表可以包括兩類：一類是「活動事項」，另一類是「業務功能」（活動的目的）。把一天的辦公時間按每十五分鐘一個時段，然後在上面打兩個記號，每一類下面各一個，並且按照需要，在「附注」欄中注明你確實做了些什麼。

你可以把這張表放在一邊的架子上，不使用的時候就看不到它，然後每半個小時左右

(不得超過一小時)填寫一次。一天累積起來,填寫這張表大概只要三四分鐘,但是他產生的效果極為驚人。

你會發現,你以前根本說不清楚你的時間究竟都用到哪裡去了。你的記憶力在這方面是不可靠的,因為我們往往只記得一天中最重要的事情——也就是我們完成了某些事情的時刻——而忽略掉我們浪費或未能有效利用的時間。瑣碎的事項,小小的分心都不太重要,我們記不住。但這些正是我們最需要辯明並加以修正之處。

填寫這個表兩三天之後,你會驚訝的發現,你有很多地方可以改進。例如:你可能會發現你以前並不知道你竟然花了那麼多的時間用於閱讀貿易刊物、報紙、報告等等,因此想找出一個辦法來減少用於這方面的時間。你也可能會驚訝的發現,你竟然花了那麼多時間用在赴約的路上,因此想辦法改進行程表,一次去幾個地方,或多利用電話。你也可能會發現你把計劃十五分鐘的喝咖啡、休息時間竟延長到四十分鐘(從辦公桌到咖啡店的來回)。花四十分鐘或許是值得的,但是唯有你從文字紀錄中確實看出你究竟用了多少時間之後,你才能夠判定是不是值得花那麼多時間。

不過最重要的是,你會更驚訝的發現,你實際上居然只用了一點點時間做你承認是最優先的事。而和你東奔西走的處理那些次優先的事務相比,你用於計劃、預估時間、探尋和利用機會，以及努力達到目標等等的時間真是太少了。時間記事表具有在早晨把冷水潑在你頭上的效用，一開始可能會使你感到不愉快，卻能使你清醒過來，並且重新振作起來。

我們每個人都要自律，要繪製或填寫時間記事表。當你真正做到之後，保證你會出現一些驚喜的效果：

① 在幾天之內，你只需用遠比你想像中的時間少得多的時間來填寫記事表。

② 它一定會為你使用時間指出重要的改進途徑。

今天就開始做一張時間記事表吧！

你為什麼無法做好時間管理？

對於那些低效的組織來講，也是因為很多人為的因素，如過多的會議、討論、瓶頸現象、工作環境等。對於每一位優秀職員而言，他們都具有一種良好的習慣——迅速有效決定。對於生存於競爭激烈中的現代人來講，更應該培養這種良好的習慣。

第一、善用電話會議。

有些公司動不動就召集會議、舉手表決、無休止的討論等。其實，這些程序完全可以透過電話會議而加以避免。

如果你不知道這種做法（確實有很多人不知道），讓我們告訴你，所謂的「電話會議」，是利用電話與在任何地方的人舉行會議。你可以透過一些技術手段把要參加會議的那些人的名字和他們的電話號碼連接起來，這樣就可以舉行一次電話會議了。當然，如果你把要談的事情事先告訴參加會議的人就更好了，因為他們到時候一定會在場，而且也可以事先準備一下。

很多大型公司想到了將位於不同都市的分公司聚集在電話中舉行會議，但人們常常忽略了一點，這個辦法也同樣可以和同都市的許多人舉行會議。例如：如果你要舉辦一次家長教師聯誼會，你想和執行委員會簡單的討論幾個事項，如果你召集了一次會議，這可能會把每一個與會者整個晚上的時間都耗用掉了，但你可以舉行一次電話會議，以很少的代價在幾分鐘以內就可以辦好你的事情。

電話會議還有一個好處：當人們知道他們要按分鐘計時付費的時候，就會事前做一番準備，在討論中也不會盡說些沒有意義的話。

第二、打破「瓶頸」現象。

造成「瓶頸」現象的原因可能是猶豫不決、懶惰、優先次序不當、頑固或要求過分。這是管理時間中遇到的最大問題，因為如果你是以為管理者的話，你浪費的不僅僅是你個人的時間，而是一群人的時間。

典型的「瓶頸」都是有類似下面這些人造成的：

・對於新辦法不置可否的高級管理人員；
・核定下一項計畫之前，舞文弄墨的官員；
・不能及早安排好聚會，使得布置場地的人沒有足夠時間布置好場地的俱樂部委員；
・喜歡在打字形式上吹毛求疵而要把信件重新再打的老闆；
・習慣拖到最後才確定論文題目的教師；
・要下屬每事必問而問時又找不到的老闆等等。

「瓶頸」現象的造成，固然可能是由於某一個人要做的事情太多，但也可能是由於某個人沒有足夠的事情可做，後者會堆積起一大堆文件資料，使別人（常常是使他們自己）認為他們很忙。對付這些人的方法，是給他們更多而不是較少的工作去做，並且訂下期限。這個辦法會像疏通堵塞管子的通道一樣，可以發揮出驚人的效果。

我們要找出「瓶頸」的所在，第一個要找的地方是你的辦公桌、你自己「待處理」的卷宗、你自己的「待辦事項表」。並且記著：「瓶頸」常常是在瓶子的上端，所以趕快把你辦公桌上的文件處理乾淨，以便於盡快轉移到另一個人的桌子上，這比堆在你桌上要更加有效。

第三、拒絕懊悔。

沒有什麼事情比懊悔更浪費時間了。

紐約一位著名的精神病醫師在即將結束他一生的職業生涯時指出，他發現幫助人們改變生活的最有用的觀念，是他所謂的「四字真言」，頭兩個字是「如果」。他說：

「我的病人很多都是把他們的生命花在過去，為他們在許多狀況中沒有做到應該做的事情而身心痛苦」。例如：

・「如果我為面試多準備一下就好了……」

・「如果我把我的真正感覺告訴老闆就好了……」

・「如果我接受過會計訓練就好了……」

如果一個人過於沉醉於悔恨的大海中，情緒就會嚴重萎縮。克服這一問題的辦法很簡單，從你的言語中消除這兩個字，而用「下次」來取代。例如：我們可以把上面的三句話改為：

・「下次我要好好準備……」

．「下次我要說出我想說的話……」

．「下次有機會我要接受訓練……」

實行這個簡單的方法直到養成習慣為止，永遠不要再重提你過去犯的錯誤。當你發現自己仍在想著過去的錯誤時，你要忠告自己：「下次我要用不同的方式去做。」你會發現，這樣就關閉了過去事情的大門，使你脫離困擾，而能把你的時間和心力集中於現在和將來，而不是過去。

第四、讓心靈保持一片寧靜。

人的心靈需要安靜、獨處與和平的時間，以利於緩解競爭的壓力，減低因家庭和朋友而帶來的煩惱，並體驗到寧靜的治療作用。

在如此繁忙的世界裡，怎樣才能找到這樣的時間呢？其實這跟你找到時間去做生活中其他值得去做的事情是同樣的方法：你應該制定出一個計畫以保證挪出同樣的時間，然後遵守這個計畫，而且天天遵守。

有一種方法叫做「超自然默想」。每天靜坐兩次，共二十分鐘，閉起雙眼，讓心智任意神遊，同時重複默念好像毫無意義的梵文字「曼陀螺」。很多實驗過「超自然默想」的人報告說，這樣訓練的結果使他們更為機敏，緊張也大為緩解。而且在默想時會發生某些生理現象，包括氧氣消耗、腦波，以及血乳酸鹽的改變。用「超自然默想」獲得的益處是不是也可以用其他方法獲得，這仍然還是一個有待研究的問題，但正如一位批評這種「默想法」的人所承認：「它能夠使我們『停』下來幾分鐘的事情總不會是壞事。」

但是還有其他方法也可以使我們「停」下來。如果你信教，當你祈禱，或在教堂、在家裡進行宗教默想時，也可以獲得同樣的內心平靜。如果你每天早晨比你家人早起，至少有一個好處——你可以獲得幾分鐘獨處和內省的時間。有些人在公園裡，甚至在旅館大廳停下來的車子裡獨自靜坐幾分鐘，也可以使他們恢復內心的平靜。

不論你用什麼方法，都要想辦法每天找出一段時間，讓自己的心智擺脫競爭的忙亂，退一步向前看看，自己究竟在做什麼。這可以使你更加客觀的面對自己。能為你繼續工作掃除掉你生活中的灰塵。

有效率，更要有效果

優秀的人最明顯的習慣之一就是，他們往往在行動之前，就清楚的知道自己要達到一個什麼樣的最終目的。根據這一目標，自己必須切實做到哪些事情，然後一一付諸實施。

一開始心中就有最終目標，最根本的一點是，從今天開始就要把你生命最後的景象、圖畫或模式作為檢查其他一切的參考物或標準。你生命的每一部分——今天的所作所為，明天的所做作為，下週的所作所為，下個月的所作所為——都可以從整體來檢查，從什麼確實對你最重要來檢查。只要明確的記住最終目標，你就能肯定，不管哪一天做哪一件事都不會違背你所確定的最重要的標準，你生命的每一天都會為你設想的終生目標做出最有意義的貢獻。

一開始心中就懷有最終目標，意味著一開始就清楚的知道自己的目的。它意味著你知道自己要去哪裡，這樣你就比較清楚你現在在哪裡，你邁出的每一步總是朝著正確的方向前行。

陷入事務性的圈子，為生活忙忙碌碌，在成功的階梯上日益奮力的攀登，到頭來發現梯子靠錯了牆，出現這些情況簡直太容易了。可能忙——很忙——而且成效並不很高。人們發現自己取得的勝利毫無價值，是在犧牲他們忽然意識到對他們重要得多的東西的情況下取得的成功。各行各業的人——醫生、院士、演員、政治家、企業專業人員、運動員和水電工——常常為得到更高的收入、更多的承認或者某種程度的專業能力而奮鬥，最後發現他們的追求使他們沒有看到真正對他們最重要的東西，到頭來卻為時已晚。

如果我們真正知道什麼對我們極為重要，並且把它牢記在心上，每天的一言一行都以什麼對我們最重要為標準，我們的生活會發生多大的變化啊！如果梯子靠錯了牆，那麼我們每走一步就向錯誤的地方接近一步。我們可能很忙，可能「效率」很高，但只有一開始心中就懷有最終目標，我們才會有真正的「效果」。

第一、善用目標管理。

「目標管理」這個術語是由著名經濟學家和管理學家彼得．杜拉克在一九五五年創造的。從此以後，這個術語就成為全世界商界領袖的共同詞彙。

目標管理，是依照特定目標而不是依照程序和規定進行思考。這個觀念鼓勵人們問這樣的問題：

・「我們究竟要努力做什麼？」
・「我們為什麼做這件事？」
・「有沒有更好的途徑？」

而不是問：

・「這是遵照公司的政策嗎？」
・「這是上面要我們做的嗎？」
・「這是不是能使我們的部門僱用更多的人，擁有更大的權力？」

確定目標，以及分配時間去從事最能達到這些目標的活動，是任何機構求得效力的要訣。勞倫斯．彼得解釋道：「在缺乏一項適當的目標之下，管理方面一個典型的反應是增加輸入——僱用更多的人，驅使員工更辛苦的工作，提升員工的資格。缺乏目標來確定程序，個人就可能只會增加輸入，忙於做些意義不大的活動，卻做不成任何事情。」

許多人和機構很容易只忙於程序方面的事情。業務一再的去拜訪早就沒有生意做的老客戶；主管只根據下屬給他帶來多少麻煩而不是根據他們有多少看法來評價員工；或只要求大量的文字報告而不自己去看一看實際進展情況。類似這樣的人浪費自己的時間，也浪費別人的時間，因為他們沒有關注自己最終的目標。他們只想要大家忙個不停，維持一種制度，以及粉飾表面。

管理學家艾希指出：「目標管理不是一大堆報告，不是一連串會議；那是一種新的管理風格，不是一種新的程序。」這是那些要從投注的時間裡獲得更大效果的人所運用的風格。

第二、制定目標實施期限。

很多人只要加上一點點壓力，就會把工作做得更好，而自我設定的期限就可以提供你所需要的壓力，使你繼續把工作完成。只有在你為一項工作設定一個期限之後，你才會有一個真正的行動計畫，否則那只是一個虛無縹緲的希望，即你想在某一個時刻做件事情而已。

請記住帕金森的定律：「工作會延伸到填滿所有的時間。」因此，派給自己或別人的任務，永遠不能沒有期限。

有時把你的期限宣布出來也有幫助，這樣別人會因此期盼你在某個時間之前把工作做好，從而增加一種鞭策力。如果工作很複雜，你可以給自己設定幾個中期目標的完成期限，這樣你就可以用一種均衡的進度來做這件事，而不必在最後時刻拚命趕工。

一旦你為自己設定了期限，就要遵照你所設定的期限。如果你養成了延緩期限的習慣，期限就會失去功效，不但不能鞭策你，也不足以刺激你左右的人。

高效率的人不會是工作狂

一個高效而成功的職場人士懂得如何把重要而緊急的事情放在第一位，控制自己不會變成一位「工作狂」，他們懂得如何授權他人，如何減少干擾、如何集中注意力，因為他們養成了一個良好的富有習慣——分清事務的輕重緩急。

第一、減少外界干擾。

由於我們生活在一個複雜的社會群體之中，所以你無法完全排除干擾。但是，如果你想提高做事效率，就必須減少干擾。如果你在一個小時之內集中精力去做事，這比花兩個小時而被打斷十分鐘或十五分鐘的效率還要高。當你受到干擾之後，你還得花時間重新啟動你的思維機器，尤其當你受到幾個小時或幾天的干擾之後，就更需要較長的時間來加熱思維機器。

因此我們建議你採取適當的措施，以盡可能減少干擾：

①分析一下打給你的電話，最好是在登記幾天之後——你是不是常常接到必須要轉給別人接的電話？或根本沒有必要的電話？如果是，研究一下採取什麼辦法可以減少這些電話。

不過，造成不必要干擾的最基本原因，是缺少有效的溝通。如果沒有把什麼時候發布新價格表、休假表，或為什麼要扣除多少多少薪水告訴大家，大家就會打電話或親自去問（干擾）某一個人。

②使用回電話的辦法可以減少電話干擾——有些電話是相當重要的，可以讓他們的電話隨時轉過來。但是對於那些沒有什麼緊急事情的電話，則要你的祕書記下對方

姓名和電話號碼，以便你在方便的時候回電話就可以了。如果是你自己接電話，你可以當即回答說：「我過半個小時再回電話給你。」這樣你又可以集中精力處理手頭的事情而減少干擾了。然後你可以集中在午餐前或快下班的時候回電話，這段時間對方可能不願意多談，你也就可以更容易處理你的電話問題了。

很多人喜歡自己接聽電話，而且來者不拒，任何人都可以打電話找他們。如果這種做法很適合你做事的方式，那當然沒有問題。但是從長時間看，大多數人會發現使用回電話的辦法可以節省時間。

③ 採用單刀直入式的談話語氣——我們可以先用誠懇的語氣接聽電話，然後直接就問：「有什麼事情要我做嗎？」一方面表示友善，另一方面也表明你正有事要辦，閒話免談。但如果你太過於友善，而說：「聽到你的聲音真是太好了，近來怎麼樣？」諸如此類的話，你就向對方發出了一種你好像很空閒的信號，那麼你們之間的談話就可能會延長好幾分鐘。

④ 定出打電話和諮詢的時間——如果讓別人知道什麼時候可以打電話找你，以及什麼時間你不希望有人打擾，這對你會大有幫助，別人也會諒解你的這種安排。如果你事先解釋說你希望在上午九點半以前和十一點半以後，已經在下午三點以前和四

點半以後接見別人和接聽電話，別人並不會覺得你冒犯了他；而且你在上午和下午會各有一段相當長的時間集中精力用與重要的工作上。你當然也要說明，這只是一個原則，如果有緊急的事情，還是可以立刻告知你。

⑤直接和上司對話——如果對你的打擾大部分來自你的老闆，不要認為自己應該盡量忍受，你應該選擇一個適當的時機，向他解釋你希望能夠更好的管理好你的時間，請問他是否能每天安排一段對你們兩個人都方便的時間，一起討論一些事務，而其他時間就不要臨時討論了。

第二、要開就開有效的會議。

如果你必須要別人參與討論，你應該考慮一下是不是用電話或「電話會議」來解決，除非必須集中開會，否則就不要開會，因為每浪費你一分鐘，那總計起來就是一段不短的時間了。

如果必須召開一次會議，首先以「書面」形式邀請參加的人，說明你希望「決定」什麼問題，不要只列出你在考慮的事項。

例如：你要邀請幾個人到你的辦公室來「討論」生產線問題，那麼實質上，你只是請他們來閒談而已。因此，你應該考慮一下是不是把開會通知單寫成這樣：

與會者：甲、乙、丙、丁

會議主題：討論生產線問題。

說明：請你本人或委派一名代表在星期二下午三點，到會議室參加一個小時的會議，討論有關生產線的事項。

請就以下問題進行考慮，以便會上盡快達成決議。

①我們的產品種類是不是太多了，以至於影響生產和銷售的效率？

②如果減少包裝盒尺寸的種類，是否能節省一筆花費？

③市場會不會接受？

④如果減少生產線數目或生產量，首先該減少哪一些？

這樣接到會議通知的人就會知道你究竟想做什麼，希望得到什麼樣的資料，並且他們很可能自己先想一想，做些什麼準備工作。

當然，以上是你作為老闆級的身分可以主持會議。下面我們討論另一種情形：如果你的老闆或其他人主持會議，卻違反了上述建議而浪費每個人的時間，該怎麼辦呢？

你是否應該總是坐在那裡，讓你的時間浪費掉，而不想辦法採取一些行動。如果你的老闆在會前沒有準備議程，你可以建議他準備一下。如果會議時間拖得太長，你可以私下向他建議，把會議的時間定在上午十一點半或下午四點半左右，這樣那些喜歡說廢話的人就不會扯得太遠。

你的老闆或主管之所以邀請你參加會議，因為他們認為你能在會議中有所表現。你能做出的最大貢獻，通常是協助一位不夠決斷的領導者堅守會議的決策。因此不要只坐在那裡，有話就說出來。

無法超越，至少不能落後

比爾蓋茲說：「如果你實在不能超越這個時代，那就努力做到不要落後於這個時代。」拖延是有礙成功的一種惡習，我們很多人的身上都潛藏著這種惡習，但是，我們很多人並不認識到自己身上的這一缺陷，他們反而找出各種理由為自己辯解。對於那些成功者而言，他們則與之相反，做事乾脆果斷、從不拖延，今日之事今日畢。他們能駕馭拖延的惡魔，從不讓自己陷於拖延的深淵。

第一、有效的克服拖延惡習。

首先，想想所以你已拖延下來的要事——你該寫的信或報告、你該打的電話，或是你該念的書，把它們全寫在一張紙上。

接著拿出前面你所寫下的導致你拖延的原因的那張單子，兩相比較，你該做的事和你沒有做的原因。假如你該做的事真的很重要的話，你是沒辦法在兩張單子之間自圓其說的，當你了解這點時，你就不該再拖，而要趕快把事情完成了。

接下來，請你看看下面我們提出的所有建議，其中有些可能正好適合你，有些建議你也可能會發覺一些可以採用之處。選定一個對你最有用的，然後開始去做，等你建立信心時，再回頭看看其他的。只要你想得到的，就加上去，但要小心的計劃你的工作。別因為計劃太多而又把它弄砸了。在你遇到困難時，更要保持你的熱度。犯了錯就要接受它，但要設法使它變得更好。

①保持快樂。

林肯說過：「你想讓自己有多快樂，你就會有多快樂。」只要你去練習，你就可以做到這一點，但一開始你要想些快樂的事情。把恐懼、憤怒、挫折感全部從心中除去，面對別人時，也要快樂一點，在你周圍盡量找些快樂的事，看些令人快樂的書，看些喜劇片，碰到好笑的事就開懷大笑。假如你能養成快樂的習慣，停止拖延的腳步就會加快一些。

②控制你的情緒。

學會認識你的情緒。情緒是一種心理意識狀態，而感情控制了你的行為。試著讓你的情緒幫助你，而不是破壞你，在開始工作之前，你應該換上另一種情緒，假如正是因為這種情緒而使你拖延的話，就更要改變這種情緒。但首先你必須了解你的情緒到底怎麼樣。

把一項工作分成幾部分，對你現在的情緒也許比較適合，現在開始去做吧！當你情緒比較好時，去解決那些比較難一點的工作。但要注意的是，如果你太注意自己的情緒問題，你可能會耗費大部分時間去控制你的情緒，結果卻什麼都沒做。

你越了解自己，也許會越害怕發現什麼。這種恐懼感也會導致你的拖延，除非你學會如何去克服它。

③ 訓練你的心智。

這種心理訓練要盡可能多做，下面是一些具體的訓練方式：

· 沉思——把自己的思想集中於精神方面的體驗。用點時間去聞聞花草，看看夕陽、日出，充分享受景物、聲音、味道，體驗這些感覺的樂趣。

· 學習——每天讓自己學點新鮮東西，以保持心智的新鮮成分。

· 回想——想想過去發生的事情，它們會對現在和將來具有一定意義和指導。

· 開始行動——做些需要有責任感和想像力的工作。

·完成——把一件工作，或生活中的某些事加以完成，尤其是那些你曾經忽略過的東西。

·創造——給予這個世界一些東西，這些東西也許在你離開這個世界後仍能有用。

這些聯繫不但能幫助你行動，而且能幫助你完成你以前所不可能完成的工作。假如你不想再拖的話，你不僅僅需要用頭腦，你還要運用所有的感官才行。

④肯定自我。

你也許因為缺乏動力，或是感到灰心，覺得自己無用而拖延工作，假如確是如此，你就必須改造自己，並且改變你的自我形象，抽出一些時間，對自己進行一次精神式的訓話，告訴自己，你為什麼是個優秀能幹的人。認清自己的力量所在，把弱點放在一旁別管它，因為現在人們對這些考慮太多了。

自誇一點會增加你的信心，並且增加你的熱度。你要相信自己，你所能完成的工作就越多，做得也越好。

你也可以偶爾給自己所做的好事一個最高的評價，這樣可以使你的自我充分得到滋潤。

⑤細分工作。

有時候要完成一件複雜、沉重的工作並不容易，但有個辦法可以削減它的分量，使你比較容易去完成它。

假如你覺得工作很複雜，那就把它分開去做。盡量的分開它，直到你了解它的組成為止。假如你一點一點去做，你會做得更多。假如你把工作分得很好，那只需要幾分鐘的時間就能完成一個細節或嚴格部分。你會發覺完成工作的速度，超出了你預計的速度很多，你也會發覺，這樣比你原來所想像的容易的多了。

在你逐步做完這些細分工作之後，你會有更多的熱忱來加快完成工作的速度，而且你能從這裡獲得更大的滿足。但假如你走到了一個死巷子，就別再走下去。你可以先做別的部分，直到這個障礙消除後再去做。當你往別處想，做別的部分時，你的心智就會有一個休息的機會。等你再回頭去做時，你可能已經有了解決問題的方法。但假如你一直坐在那等，你可能一直被憂慮所困擾，而覺得束手無策，或者你硬是往前鑽，結果卻四處碰壁。

細分你的工作，這種辦法對那些不太令人愉快的工作尤其有效。假如一個人必須做一件他不喜歡的工作，幾乎每個人都可以做上短短的一段時間。因此，把困難的工作分解成細小的部分，然後把它們安排在你喜歡做的工作空檔之中。雖然這樣需要多點時間去做，但當你完成之時，你一定會很高興。

第二、先從要事著手。

開始做事之前，要好好的安排工作的順序，但要謹慎的做這件事。愛德文．布利斯說過，支配時間的一些基本方法，可以為你決定工作的優先順序，下面是他提出的幾點建議：．重要而緊急的工作——這些工作應列第一位。你必須立刻去做，否則你將自食惡果。

．重要但不緊急——這些工作則位於第一種工作之後。但大部分人都因這些工作可以拖延而忽略了它，這包括身體檢查、寫信給朋友，或對自己的妻子（丈夫）說「我愛你」。

．緊急但不重要的工作——這些工作在別人的表上應列為優先。但如果你撇下了你自己的重要工作，而先做這些工作，那你就得從別人那裡尋找支持了。

．繁忙的工作——假如你能控制住，在做完一件困難的工作後，不只是休息。但要是花了太多的時間去做它，就是另一種形式的拖延。

．浪費時間的工作——這些工作應該從你的順序表中除去。假如你認為這種工作浪費時間，那就別忘了沙若杜內斯所說的話：「生命中浪費的時光，在點滴流逝，原本美好的時光，卻輕忽的流逝了。」

在你開始工作時，你可以自由的改變優先順序，不斷的重新檢討，你才知道什麼是該先做的工作。

時時想著自己的目標，爾後再按部就班的完成。

合作愉快的前提是理解

除了睡覺，我們大部分的時間都在進行交流。交流是一個雙向的過程——理解他人與尋求被人理解。每一位成功者都具備這樣一種很好的習慣，他們善於理解他人，並樂於與人合作。

第一、常人的四種傾聽反應。

在現實生活中，我們在聽別人講話時總是聯繫我們自己的經歷，因此我們往往以四種方式中的一種做出反應。

· 評估——我們同意還是不同意；

· 探究——我們按照自己的看法提出問題；

．勸告——我們根據自己的經驗提出建議；

．解釋——我們試圖根據我們自己的動機和行為來揣測別人、解釋他們的動機和行為。

我們做出這些反應是自然而然的。它們在我們的頭腦裡根深蒂固。一個有洞察力的傾聽者能很快看到內在的問題，並且能夠表現出能使對方毫無顧忌的敞開思想的這樣一種認可和理解，使他們一層層的開放，直到真正存在問題的柔軟的核心。

第二、尋求被人理解。

首先尋求理解——然後尋求被人理解。尋求理解需要有體諒之心；尋求被人理解需要有勇氣。

古希臘人有一套極好的哲學，它展現在三個順序排列的詞中，它們就是道德因素(ethos)、感情因素(pathos)、和理性(logos)。這三個詞包含先尋求理解並做出清楚的陳述之精髓。

道德因素是指你個人的可信性，是人們對你的真誠和能力的信任。它是你造成的信任，是你的感情存款帳戶。感情因素是與感情移入有關的方面——它有感情。它意味著在另一個人與你交流時，你和他在感情上息息相通。理性說的是邏輯性，是作陳述時的推理。

請注意它們的順序：道德、感情和理性——你的道德、你的關係、你的陳述中的邏輯。這涉及到另一個重要的模式的轉變。大多數人在陳述他們的主張時，總是直接訴諸理性——左腦的邏輯。他們首先不考慮道德因素和感情因素就想使另一個人相信那個邏輯的正確性。

你沒有專注於你「自己的事情」。只有從肥皂盒裡拋出浮誇的詞藻。你才是真的理解你所陳述的東西甚至可能不同於你最初的想法，因為你在尋求理解的過程中學到了一些東西。

不管怎樣，你總是可以先去尋求理解。這個主動權在你自己手裡。如果你這樣做，如果你把注意力集中於你的影響圈內，你就能真正的、深刻的理解另一個人。你能獲得你努力所需要的準確情況，能夠很快觸及問題的要害、能建起感情存款帳戶，並且給予他們所需要的心理空氣，這樣，你們就能有效的進行合作。

這是一個徹底的辦法。當你這樣做時，注意你的影響圈有什麼情況。因為你真心真意去傾聽，你就能夠接受影響。能接受影響是能影響別人的關鍵。你的影響圈開始擴大。你對你的擔心圈中許多事情施加影響的能力得到加強。另外，還要注意你發生什麼情況。你對別人的了解越深，你對他們的評價就越正確，你對他們也就越尊重。觸及另一個人的靈魂，就像在聖地上行走。

在公司裡，你可以定出一些逐一會見你雇員的時間，聽取他們的意見，了解他們。在你的企業中建立一個人力資源帳目，或者股東資訊體系，以求得到來自各個方面——客戶、供應商和雇員——的真實準確的回饋。要把人的因素看作和財政因素或技術因素同等重要的因素。如果你能發掘企業中所有各方面的人力資源，你就能節省大量的時間、精力和金錢。你聽別人的講話就是在學習。同時，你也給了為你工作和和你共事的人心理空氣。你所造成的忠誠遠遠超過了那種八點上班五點下班的有形的工作要求。

首先尋求理解。在問題出現之前、在你想進行評估和開處方之前、在你想提出你自己的看法之前——先去尋求了解。這是有效的相互依存的一個作用很大的習慣。

當我們真正的、深刻的相互了解時，我們就為找到解決辦法和第三種選擇打開了大門。我們的差異不再是進行交流和取得進展的阻礙。相反，它們成了通往合作的階石。

第七條準則

對於一個優秀的員工來說，要想使自己的職業生涯一帆風順，同樣也要培養自己與同事、下屬、與上司之間和諧的人際關係——這將成為別人衡量你優秀與否的一項重要標準。

你是從不表揚下屬的主管嗎

適時的鼓勵、讚賞和肯定，會使一個人的潛能得到最大程度的發揮。因此，作為上司的你，在看到對方的每一個進步時，應及時予以鼓勵和肯定。每次小小的進步都使他們心裡多些成就感，激勵他們往前衝刺，逐漸取得更大的成績。

人們工作是為了更好的生存和發展，這就是有金錢和職位等方面的願望。除此之外，人們更加追求個人榮譽。一份民意測驗結果表明，百分之九十八的人希望自己的主管給自己好的評價，只有百分之二的人對主管的讚揚無所謂。當被問及為什麼工作時，百分之九十二的人選擇了個人發展的需要。

人的發展的需要是全面的，不僅包括物質利益方面，還包括名譽、地位等精神方面。在公司裡，大部分人都能兢兢業業的完成本職工作，每個人都非常在乎主管的評價，而主管的讚揚是下屬最需要的獎賞。

一般來說，主管的讚揚主要有以下三大方面的作用。

第一、使下屬認識到自己在群體中的位置、價值以及在主管心中的形象。

在發展相對於平穩的公司，職工的薪資和收入都是相對穩定的，人們不必要在這方面費很多心思。但人們都很在乎自己在主管心目中的形象問題，對主管對自己的看法和一言一行都非常細心、非常敏感。主管的表揚往往很具有權威性，是確立自己在本公司或本公司同事中的價值和位置的依據。

有的主管善於給自己的下屬就某方面的能力排座次，使每個人按不同的標準排列都能名列前茅，可以說是一種皆大歡喜的激勵方法。比如：小張是本公司的第一位博士生；小王是本公司「舞」林第一高手；小鄭是公司電腦專家……人人都有個第一的頭銜，這充分調動了這些職員的工作積極性，進而推動公司業務的快速運轉。

第二、有利於滿足下屬的榮譽和成就感，使其在精神上受到鼓勵。

俗話說：重賞之下必有勇夫，這是一種物質的低層次的激勵下屬的辦法。而主管的讚揚不僅不需要冒多少風險，也不需要多少本錢或代價，就能很容易的滿足一個人的榮譽感和成就感。

當一個職員經過一個多星期的晝夜奮戰，精心準備、舉辦了一次大型會議而累得精疲力竭的時候，或者經過深思熟慮而想出一條解決雙方糾紛的妥協方法時，他最需要什麼？當然是主管的讚揚和同事的鼓勵。

如果一個下屬很認真的完成了一項任務或做出了一些成績，雖然此時他表面上裝得毫不在意，但心裡卻默默的期待著主管來一番稱心如意的嘉獎。如果主管沒有給予關注，或者不給予公正的讚揚，他必定會產生一種挫折感，從而挫傷了他的工作積極性。

第三、能夠消除下屬對主管的疑慮與隔閡，密切兩者的關係，有利於上下團結。

一些下屬長期不能受到上司的重視，時間長了，他的心裡會抱怨：「主管怎麼從不表揚我，是對我有偏見還是妒忌我的成就？」於是和主管相處態度一般，刻意保持距離，沒有什麼友誼和感情可言，最終形成隔閡。

主管的讚揚不僅表明了主管對下屬的肯定和賞識，還表明主管很關注下屬的事情，對他的一言一行都很關心。有人受到讚美後常常高興的對朋友講：「瞧我們的主管既關心又賞識我，我做的那件連自己都沒覺得了不起的事也被他大大誇獎了一番。跟著他做特別順心。」互相都有這麼好的看法，能有什麼隔閡？能不團結將工作做好嗎？

身為上司，不能忽視了下屬的這種心理。要知道，稱讚下屬，一方面是對他優點和成績的承認、肯定，另一方面還可以增加和下屬間的溝通、聯絡。

那麼，上司對下屬怎樣稱讚才能獲得較大的激勵效果呢？下面幾種方法可供參考：

① 有明確指代的稱讚。

如：「David，今天下午你處理的客戶投訴問題相當巧妙。」這種稱讚是你對他才能的認可。

②有理由的稱讚。

稱讚時若能說出理由，可以使對方領會到你的稱讚是真誠的。如：「要不是你關鍵時腦子靈活，這次我們公司的損失就可能難於估計了！」

③對事不對人的稱讚。

如：「你今天在會議上提出的維護公司形象的意見很有見識。」這種稱讚比較客觀，容易被對方接受。

④對業績突出者的稱讚。

這種稱讚，可以增強對方的成就感。如，辦公室祕書小高在一次競賽中獲得年度行銷企劃方案一等獎。拿回證書後，馬主管立即給予了小高較高的評價：「Bob，你的那篇稿子我讀過，文筆流暢，觀點突出，繼續努力！」

⑤適時稱讚。

這種稱讚與「打鐵趁熱」同理，易被對方接受。

稱讚是對雙方對全域都有利的事情，千萬不要因為自己是公司的主管而終日緊繃著臉孔，不肯彎腰。一定要甘於放下高姿態，否則時間久了，對誰都無益處。

掌握批評四大要點，下屬心服口服

比爾蓋茲多次強調指出：「對員工的關心與愛不應單單表現在工作、生活和相互交往上，更應表現在對員工錯誤的善意批評上。」

美國玫琳凱化妝品公司十分重視員工問題。該公司相信，關心員工與公司盈利這二者同樣重要。老闆玫琳凱說：「不錯，我們是把眼睛盯在賺錢上，不過賺錢並不是高於一切的欲望。在我看來，『P』與『L』的含義不僅僅是盈與虧，它還意味著人與愛。」

玫琳凱還說：「我認為，經常批評人的做法並不妥當。不是說不應當提出批評。有時，老闆必須表明對某事不滿意。但是批評的目的是指出錯在哪裡，而不是指出錯者是誰。如果有人做錯事時老闆不表明態度，那麼，這種老闆也確實過於『厚道』了。不過，老闆在提出批評時，一定要講究策略，勿擺架子，不可盛氣凌人，否則就可能出現適得其反的結果。我認為，一個老闆應當做到：當某人出錯時，既能指出其錯誤，又不致挫傷其自尊心。每當有人走進我的辦公室，我總是創造出一種易於交換意見的氣氛。這一點很重要。只要我越過有形屏障——我的辦公桌，那麼，創造那種氣氛則易如反掌。我的辦公桌象徵著權力，它向坐在一旁的來人表明，我有權指示他應該如何如何。我總是越過那個有形的屏障，以朋友和同事而不是以領導者的身分與人交談。因此，我們坐在一張舒適的沙發上，在比較輕鬆的氛圍中研究工作、解決問題。」

「我有時還和來人握手擁抱！在我看來，這是感情的自然流露。因此，我在這樣做時感到輕鬆、自然。我認為，和來人握手擁抱能使堅冰融化，能使對方無拘無束。你會發現：和一種人打交道，握手是最好的方式；但和另一種人打交道，拍拍背則顯得很親密；和某些人見面，只有熱烈擁抱才能表達出你們親密無間的情誼。我們都聽說過醫生在病床旁邊對病人表示關心，和病人握手的情景。同樣，老闆也應在沙發旁邊對來人表示關心。因此，各級企業主管都應走上去，放下架子和來人握手、擁抱——這是管理企業的一個絕招。」

玫琳凱還說：「我認為，老闆和自己的員工保持親密的關係是正常的，相反，如果老闆和自己的員工總是保持雇主與雇員的關係，那則是反常的。我認為，這種氣氛無助於最大限度的提高生產力。」

「另外，老闆還必須強硬和直言不諱。假如某人的工作不能令人滿意，你絕不可繞開這個問題，而必須表達出自己的看法。不過你這樣做是要雙管齊下——既要關心，又要嚴格。換句話說，你必須既達到老闆的作用，又表現出對那人表示同情。具體的界線是，既要十分親熱，又不能損害自己的監督作用。你和員工的關係要如同大哥哥、大姐姐對小兄弟、小姐妹的關係，既要表示出愛和同情，又要使自己在必要時能夠採取嚴格的行動，在我的許多雇員眼裡，我的形象實際上是慈母。他們認為，我是十分關心他們的人。他們信任我。我多次聽到我的雇員說：『玫琳凱，我母親去世好幾年了，我現在就把妳當作我的母親……』每當聽到這種話，我感到十分光榮。」

從美國女企業家玫琳凱的一番談話中，我們不難看出，主管和下級員工相處，最重要的一點就是放下官架子，以平等、關愛的態度對待他們，只有這樣，下級才會以更傑出的工作成績來報答上級的厚愛。

因此，批評下屬，一定要注意講究技巧：

第一、避免聲嘶力竭並允許當事人申辯。

批評和發脾氣不是一回事。發脾氣有時不但無助於批評的效果，往往還會把事情搞僵。員工做錯了事，或說錯了話，你難免不生氣，生氣歸生氣，做主管的總要有氣度和涵養，要能夠掌控自己的情緒，批評時千萬不要聲嘶力竭。只有虛心聽取下屬的意見，下屬才能誠懇接受你的批評。如果下屬說明事實，就應當盡快予以澄清，誰的責任誰承擔，而不應該讓下屬代人受過。

還應注意的是，主管對下屬的批評，往往是居高臨下的。為了緩解下屬的心理壓力，增加悔過改正的信心，對當事人既要批評，又要勉勵，以便讓對方消除顧慮，放下包袱，輕裝上陣。不怕犯錯誤，就怕犯了錯誤之後不加以改正。任何知錯即改的人，主管都應歡迎。

第二、實事求是，以理服人。

批評宜以理服人，若你一味的挖苦、侮蔑，或者以對方的缺陷為笑柄，過分的傷害人的自尊，往往會適得其反，一是產生牴觸，再就是他會以其人之道還治其人之身的。

任何批評都應該建立在實事求是的基礎上。你所依據的事實都要有出處和證據，要搞清楚的、事、人、因、果，這樣批評才會正確，不出或少出現差錯。萬一批評有誤，與事實相悖，補救的方法就是彎下腰去，向下屬道歉。

第三、輕重有度。因事而異。

批評應就事論事，哪裡疼就治哪裡的病，而不能誇大其辭，藉機整人。不能因一時一事的失誤，就將人的過去全盤否定。

批評還要因事而異。一般的小過失，輕描淡寫的批評就能解決問題;但比較嚴重的錯誤，比較頑固的人和態度，你就要響鼓重錘，否則是難以奏效的。

第四、講求方法，間接批評。

每個人都會犯錯誤的，每個人也都有自己的自尊心。有些問題可以不必採用直接批評的方法，相反，可採用間接的方法來指出問題，有時效果反而會更好。

卡內基在《人性的弱點》一書中舉了這樣一個例子：有一天中午，斯瓦伯從他的鋼鐵廠經過，遇見他的幾個工人在吸菸，剛好在他們的頭頂上就有一塊布告寫著「禁止吸菸」。斯瓦伯此時並沒有指著布告牌說：「你們不識字嗎？」他走到這些人前，給每人一支雪茄，說道：「孩子們，如果你們到外面去吸這些雪茄，我會很感激。」

這樣，他們知道自己已違反了規則。他們讚賞斯瓦伯，因為他沒有說什麼，並且給了他們一點小禮物，使他們感到斯瓦伯的話很中肯。人哪能不喜歡這樣的批評方式！

常言道：良藥苦口，忠言逆耳，可現在給藥包上了糖衣，良藥口不苦，這用在批評上也同樣適用。

第五、剛柔相濟。

剛柔相濟是一種交友處世的管理方法。它可使激烈的爭論停下來，也可以改善氣氛，增進親密。

我們先看一看日本著名企業家松下幸之助是如何使用剛柔相濟這一方法的吧，它也許能讓我們獲得一些啟示。

有一次，部下後藤犯了一個大錯。松下怒火衝天，一面用打火棒敲著地板，一面嚴厲責罵後藤。

罵完之後，松下注視著打火棒說：「你看，我罵得多麼激動，居然把打火棒都扭彎了，你能不能幫我把它弄直？」

這是一句多麼絕妙的請求！後藤自然是遵命，乾脆俐落就把它弄直，打火棒恢復了原狀。

松下說：「咦?你的手可真巧啊！」隨之，松下臉上立刻綻開了親切可人的微笑，高高興興的讚美著後藤。至此，後藤一肚子的不滿情緒，立刻煙消雲散了。

更令後藤吃驚的是，他一回到家，竟然看到了太太準備了豐盛的酒菜等他。

「這是怎麼回事?」後藤問。

「哦，松下先生剛打來電話說：『妳老公今天回家的時候，心情一定非常惡劣，妳最好準備些好吃的讓他解解悶吧。』」不用贅述，此後，後藤自然是幹勁十足的工作了。

由此可見，合理、適度、適時的採用剛柔相濟的辦法，可以使部下散發出更加旺盛的工作鬥志。

權力分配，決定主管是輕鬆還是累死

在公司工作幾年之後，你很有可能就當上了主管，帶領幾個部下做事。要當好一位主管，學問說大不大，因為就有人當得輕鬆愉快；說小也不小，因為也有人當得苦不堪言。而同樣一個職位，不同的人來做，又會出現不同的結果——帶的是同一批人，有的人做得輕鬆，有的人做得辛苦。

為什麼會有這樣的差別呢？

一位主管要當得輕鬆愉快和權力的擁有、分配有關，也就是說，如果你擁有權力，又可以分配權力，你的部屬為了分享你的權力，會聽你的，這是很現實的人性，所以有些人就可以用豐沛的權力資源讓部屬為他賣命，人為財死，哪有什麼道理好說呢？這是權力領導，但權力一消失，部屬可能就對他「棄之如敝屣」了，因為沒有好處可得了嘛。

那麼，權力有限的主管就難當了？是比擁有豐沛權力的主管難當，但是，如果這位主管會做人，也是可以當得輕鬆愉快。所謂會做人是指懂得站在部屬的立場來考慮問題，要他們工作，但也為他們爭取利益，並且實際關心他們的生活，我們知道有些主管在部屬有婚喪喜慶時，如果不能爭取到什麼津貼，都會自己掏腰包。這種領導是屬於情義領導，有人很容易被這種主管感動而為之賣命，但有人則像木石，毫無感覺，反而還會因為「無利可圖」而找主管的麻煩。

權力領導也好，情義領導也好，事實上，若沒有才能做基礎，這種主管必將吃到苦頭。因為權力再怎麼豐沛，總有人會不滿足，總有人會認為分配不公，而你的位置也將成為你的部屬覬覦的目標，如果你沒有才能，遲早會被部屬惡意搞垮，或是被上級剝奪權力。情義領導呢？主管沒有才能，只會做人，那也是個爛好人，做事若常出現紕漏，部屬中將沒有人向他靠攏，而他的無能，也遲早成為部屬攻擊的目標。一旦牽涉到利益，有些人是會翻臉無情的，這一點你必須了解。

所以，權力領導、情義領導都不如才能領導！

有才能的主管可以告知部屬正確的方向，能解決問題，並且能讓部屬信服！有才能，自然可以借創造績效來獲得權力並分配權力，部屬也不必因為情義而向你靠攏，因為你的才能就是吸引力，他們「野心」再大也會受到「才不如你」這種認知的約束，而不敢對你有所侵犯！

因此，你如果當了主管，你一定要跑在部屬的前面，倒不是要你樣樣都強過他們，因為人各有所長，各有所短，你總有不及你部屬之處；但再不及，也不能一無所知，否則慢慢的，部屬會矇騙你，然後看不起你！到那個時候，你的領導工作就會出現問題，所以，自我進修就很重要了。

劉女士是一家大公司的基層主管，每天還上補習班讀日文，補英文，有人問她為什麼要這麼辛苦，她說：「我的部下都是碩士，我不加油，他們就不會對我心服口服了！」

她的話實際而又發人深思，你不行，部屬就爬到你頭上，即便是你的上司，對你也難形成真正意義上的保護。

你跟上上司的步調了嗎？

無論你與上司關係多麼僵化，但你要時刻記住：上司永遠是上司，如果你想讓自己有較好的發展前途，千萬不可違背上司，尤其是在外界力量與上司發生衝突時，你必須站在自己上司這邊，所以你要做到：

第一、學會體諒上司。

很多員工都會有這樣的抱怨：我的上司一無是處，還對我指手畫腳，簡直討厭到了極點，因此就會氣憤、煩惱，甚至對別人訴說自己上司的無能，這樣做是絕對有害的。妥當的做法是客觀的想想他取得的輝煌成就，你會發覺他並不如你想像中的那麼無能，學習欣賞對方的長處，是達到合作的第一步。

「家家有本難念的經」，你的上司是否也有難言之隱?他可能也要取悅自己的上司，很多事情都是身不由己的。

假如上司真的是敷衍塞責，不要因此而一味抱怨，相反，這可能是自我表現的好機會，上司惡劣的工作態度，正好突出你的長處，或許因此而得到上級的賞識，平步青雲。

第二、關鍵時刻能替上司出力。

俗話說，疾風知勁草，烈火煉真金。在關鍵時刻你能為上司出力，上司才會真切的認識與了解你，會認為你對他是忠心不二的。人生機會難求，因此不要錯過表現自己的大好機會。當某項工作陷入困境之時，你如果能大顯身手，定會讓上司格外賞識；當上司感情或生活上出現矛盾時，你若也能妙語相勸，定會讓上司十分感激。此時，如果你像一塊木頭，呆頭呆腦，冷漠無能，畏首畏尾，膽怯懦弱。上司便會認為你是一個無知無識、無情無能的平庸之輩，他還會欣賞你嗎?

第三、努力與上司言行一致

這就要求作為員工的你一言一行都必須以上司的滿意為前提，而且在能幫助他的地方盡你最大努力去幫助他。例如：上司經常找不到需用的文件，你很快替他將所有文件整理好；要是他對某客戶處理不當，你可以得體的代他把關係緩和；如果他最討厭做每月一次的市場報告，你不妨代勞。這樣既能讓他覺得你是好幫手，而且你又鍛鍊自己的能力。

此外，要盡量使自己的工作習慣與上司一致。假如上司總是每天九點前給你幾份文件，那你該提早五至十分鐘抵達辦公室，配合他的步伐。若上司習慣十點才開始工作，你就要避免太早與他談論公事。

要是他每天午休時總一邊吃便當一邊看文件，你更應將午餐時間縮短。當然，聰明的你，應利用上司開會的時候來休息，並且只有在他離開辦公室時才打私人電話。

有不少員工可能遇到以下的難題：自己經過整整一星期的努力才完成的報告書，給上司過目時，他立刻提出某處不妥，並要求更改它。但再經自己審慎研究，發覺錯的是上司，該怎麼辦？

如果你在公司中仍是新人，這個報告書又是你的第一件重要任務，那麼你應該小心研究上司對報告書提出的意見，並盡量照他的意思去做，這會比你努力證明自己是對的來得「妥當」。因為純是數字上的對或錯，只能證明你是個細心的人，對表現你的才幹沒幫助，犯不上和上司意見相左。

第四、替上司分憂解愁。

因為上司每天都要承擔很多工作和責任，所以他會很辛苦並承受巨大的壓力和挑戰。因此在現有的挑戰之外，你不應該再轉述錯誤的資訊或未經證實的謠言，增加上司的負擔。由於錯誤的傳達資訊將可能導致上司做出錯誤的決定，喜歡向上司轉述謠言以及耳語的員工，實際上是在滿足自己的心理需求，而不是在為上司分憂解愁。

當聽到一些與上司有關的「警訊」時，你應該自問：有多少是你自己知道的？有多少只是聽來的？他們合理嗎？需不需要進一步證實？

除了事情本身之外，你是不是也清楚其發生的背景？

若事情真的發生了，原因何在？

你是否應當全盤接受所發生的事情，或受到人為操縱？

而且當你向上司提出建議之前，應考慮到是不是已經獲得了足夠的資訊，或必須搜集更多相關的資訊作為參考？

而當資訊被確認之後，你不應該報喜不報憂，壞消息對上司具有極大的提醒作用。但報告壞消息的時候，你應該順便提供一些建議，藉以協助上司再接再厲、完成預定目標。順便提供一些建議會讓上司覺得你在為他分憂解難，是自己的得力助手。儘管如此，你也必須明白若壞消息接二連三，仍會導致上司信心與士氣的瓦解，所以你還應當報告一些上司成功的地方，哪怕是不起眼的好消息，都會對上司以及整個公司產生很大的激勵作用。

第五、向他表明你的決心。

任何上司都喜歡對自己忠心耿耿的員工，所以你要隨時隨地抓住機會表示自己對他忠心耿耿，永遠站在他這一邊，以你的態度說明一個事實：我是你的好朋友，我會盡己所能支持你。不要以為上司很愚笨，如果你真的努力這樣做，他看在眼裡，一定會很明白你的意思，對你日漸產生好感。

聽到公司有什麼謠言或傳聞，不妨悄悄的轉告上司，以示你的忠心。不過，你的措詞與表達方式需特別注意，說話簡明、直接最為理想，比如你告訴上司：「不知你有沒有聽過這個消息，不過，我想你會有興趣知道……」

上司願意選擇你為他的下屬，他對你的印象自然不差，你必須摒除對上司的偏見，事事替他著想。

為什麼你應該分享成就

當你在工作上有特別表現而受到肯定時，千萬記得——別獨享榮耀，否則這份榮耀會為你帶來人際關係上的危機。

有個編輯很有才氣，他編輯的雜誌很受歡迎，有一年他得到了大獎。老闆還另外給了他一個紅包，並且當眾表揚他的工作成績。但是他並沒有現場感謝上司和屬下們的協助，更沒有把獎金拿出一部分請客，所以大家雖然表面上不便說什麼，但心裡卻感到不舒服，和他產生了隔閡，因此時不時的和他作對就在所難免了。

由於上司的白眼，同事間關係的冷漠，兩個月後他就因為待不下去而辭職了。

相信這也是我們工作中經常遇到的事吧，因此，為了讓這份榮耀為你帶來益處，你需要做好如下幾件事：

第一、感謝。感謝同仁的鼓勵、幫助和合作，不要認為這都是自己的功勞；尤其要感謝上司，感謝他的提拔、指導、授權。如果實際情況果真是如此，那麼你的感謝就是應該的；如果同仁的協助有限，上司也不值得恭維，你也有必要感謝他們，這樣做雖然虛偽一些，但卻可以避免使你成為靶子。百花獎或金雞獎得主上台領獎時都要感謝一堆人，道理就在此，這種「口惠而實不至」的感謝雖然缺乏「實質」上的意義，但聽到的人心裡都會很愉快，也就不會排擠你了。

第二、分享。口頭上的感謝也是一種分享，這種「分享」可以無窮的擴大範圍，反正「禮多人不怪」嘛。另外一種是實質的分享，別人倒也不是要分你一杯羹，但是你主動的分享卻讓旁人有受尊重的感覺，如果你的榮耀事實上是眾人鼎力協助完成的，那麼你更不應該忘記這一點。「實質」的分享有很多種方式，小的榮耀請吃糖，大的榮耀請吃飯，吃人嘴軟，拿人手短，分享了你的榮耀，就不會和你作對了。

第三、謙卑。人往往一有了榮耀就「忘了我是誰」的自我膨脹，這種心情是可以理解的，但旁人就遭殃了，他們要忍受你的囂張氣焰，卻又不敢出聲，因為你正在鋒頭上；可是慢慢的，他們會在工作上有意無意的抵制你，不與你合作，讓你碰釘子。因此有了榮耀，更要謙卑；要不卑不亢不容易，但「卑」絕對勝過「亢」，就算「卑」得肉麻也沒關係，別人看到你的謙卑，會說「他還滿客氣的嘛！」當然就不會找你的麻煩，和你作對了。

謙卑的要領很多，但至少要做到以下兩點：

① 榮耀越高，腰越要彎。

② 對已獲得的榮耀，不必反覆提起。

其實別獨享榮耀，說穿了就是不要威脅到別人的地位和利益，不要侵占別人的生存空間。因為你的榮耀會讓別人變得暗淡，產生一種不安全感；而你的感謝、分享、謙卑，正好給旁人吃下一顆定心丸，人性就是這麼奇妙，沒什麼話好說。

如果你習慣獨享榮耀，那麼總有一天你會自討苦吃，獨吞苦果的。

附和的威力

有些人會僅僅為了爭論而爭論，挑起事端，或是使其他人失去心理平衡。美國眾議院著名發言人薩姆·雷伯說道：「如果你想與人融洽相處，那就多多附和別人吧。」

他的意思不是說你必須同意別人所說的一切，而是說你不可能一方面無休止的激怒別人而另一方面又指望別人來幫助你。

林肯早年因出言尖刻而導致與人決鬥。隨著年紀漸增，他也日趨成熟，在非原則問題上總是避免和人發生衝突，他曾說：「寧可給狗讓條路，也比和牠爭吵而被牠咬一口好。被牠咬了一口，即使把狗殺掉，也無濟於事。」

一天，幾個人衝進美國總統麥金萊（西元一八四三年至一九○一年）的辦公室，向他提一項抗議。為首的是一個議員，他的脾氣很大，開口就用難聽的話咒罵總統，而麥金萊卻顯得異常平靜。他知道，現在作任何解釋，都會導致更激烈的爭吵，這對於堅持自己的決定很不利。他一言不發，默默的聽這些人叫嚷，任他們泄盡自己的怒氣。直到這些人都說得精疲力竭了，他才用溫和的口氣問：「現在你們覺得好點了嗎？」

那個議員的臉立刻紅了，總統平和而略帶譏諷的態度，使他覺得自己好像矮了一截，他彷彿覺得自己粗暴的指責根本站不住腳，而總統可能根本就沒有錯。

後來，總統開始向他解釋自己為什麼要做那項決定，為什麼不能更改，這位議員並沒有完全聽懂，但在他心理上已經完全服從於總統了。他回去報告交涉結果時，只是說：「夥計們，我忘了總統所說的是些什麼了，不過他是對的。」

麥金萊總統憑著他的自制力，在心理上打了一個勝仗。

結束了一天工作後的人們不喜歡把時間花費在無休止的爭論上。如果此刻你挑起爭端，他們會迴避你，而你將會發現，你已被其他好爭辯的失敗者們所包圍了。

因此，我們在遇到某些不講理的人時，如果不爭論也無關緊要，不存在大是大非的問題，那麼就跟林肯學習，把對方當「一隻狗」好了。

第八條準則

永遠擁有一些必須具備的美德，如忠誠、敬業、冒險、謙虛和責任等。

精明能幹，比不上忠誠

任何一個卓有成就的人士，都會不可避免的經歷很多磨難，也可能會在不同的部門做事。我們當然希望可以在一個機構裡學到一切知識，但這種情況很少見。在這種狀況下，我們要好好考慮：我們究竟想做什麼，可以做什麼，為何要這樣做。

比爾蓋茲說：「請牢記自己的個性是你的最大資產，真正的個性來自於誠心誠意。」

忠誠是衡量一個人是否具有良好職業道德的前提和基礎。毫無疑問，一個公司更傾向於選擇具備忠誠意識的員工，哪怕其能力在某些方面稍微欠缺一些，而不是一個精明能幹卻對公司有異心的人。一個下屬固然需要精明能幹，但再有本事的下屬，有了異心，不忠實於公司利益仍然不能算一個合格的員工。從某種程度上來說，這種員工是相當可怕的。特別是那些身居要職而又居心不良的「精明能幹者」。這種人參與公司的經營決策、了解公司的商業祕密，他們的某些行為甚至可能直接影響到企業的生存和發展。故而一個公司所器重、所相信的職員，往往都是那些忠誠、可信賴的。具備這種美德的人，他不僅對老闆忠誠，重要的是，他更忠實於自己。

然而，要想做一個誠實的人似乎是越來越難了，人們經常自覺不自覺的說出一些謊言去弄虛作假或掩飾自己。但問題是，就長遠來看，一個人任何時候都應該誠實，這不僅是個人素養問題，也會關係到公司的利益。

作為公司的員工，他如果連起碼的誠實和信用都不講，那麼他的各項業務活動是註定要失敗的。尤其是在與客戶交往過程中，只有重視自己的形象和信譽，才能在強手如林的市場競爭中保持不敗。每發布一條消息，簽訂一份合約，承諾一樁購銷協定，都應全力以赴去兌現。

當前，存在於公司中的一個普通現象是員工的抱怨或牢騷，不要小看這些事，作為一名員工，到處散播你的抱怨或牢騷，那只能說明你仍然不是一名合格的員工。牢騷和抱怨只會損害公司團隊的凝聚力，是對公司利益的隱性傷害，這不是一個合格員工所應有的行為。當然，這並不是說，你不可以有不滿，一個具備健康的組織文化的公司顯然不會抑制員工的不滿，但不滿不能透過牢騷或抱怨來發洩，你可以透過正當的管道向上級反映，而不是散播對公司不利的言論。

然而，你對公司的忠誠也是要經受考驗的。當公司經營出現阻礙的時候，正是檢驗員工忠誠度的最佳時機。甚至在某些公司，很多的老闆會自己製造危機，以考驗員工的忠誠。

威廉曾去某家大公司應聘部門主管，公司老闆告訴他說先要試用三個月。但是，最終老闆竟把他派到商店做銷售員。一開始，威廉不能接受，但最終他還是熬過了試用期。後來，他搞清楚了老闆把他調到基層去的原因：他開始對產業不熟悉，不了解公司的內部情況，只有從最簡單的做起，才能全面了解公司，熟悉各種業務。

威廉應聘的是部門主管，公司老闆卻讓他從基層做起，儘管這樣，他最終還是堅持做完了。事實證明，他的選擇是對的，他經受住了老闆對他的考驗，熟悉了公司業務，全面了解了公司，對公司的規劃有了明晰的了解，累積了經驗，這些都為他今後的工作奠定了基礎。試用期後，他正式就任部門主管，領導員工實現了優秀的業績，為公司的發展做出了巨大貢獻。六個月後，由於業績出眾，威廉獲得了升遷。緊接著，威廉在處理公司事務時遊刃有餘，一年之後，由於總經理調走了，他也自然而然的成了總經理。

老闆總是「刁難」你，這是因為他器重你，他想考察你的忠誠度。一旦考查證明你是忠誠不二，你就將被重用。當然，無論是出自內心的給予，還是情願讓老闆「刁難」你，忠誠都是種感情和行動的付出。有付出就一定有回報。

因此，你要做好自己的分內之事，盡全力而為之。

像菁英一樣思考

「『讓我們去贏吧』或是『我們已經贏了』，那就意味著我們的追求有終點。」比爾蓋茲對微軟的員工說。

如果你想取得優秀員工那樣的成績，辦法只有一個，那就是比那個優秀員工更積極主動的工作。

事實上，在公司的員工中，很多人認為公司是老闆的，自己只是替別人工作。再有工作表現，再有業績，得好處的還是老闆，與己無關。存在這種想法的人很容易成為「按鈕」式的員工，天天按部就班的工作，缺乏活力，有的甚至趁老闆不在就沒完沒了的打私人電話或無所事事的遐想。這種想法和做法無異於在浪費自己的職場前程。

任何時候，不要認為老闆整天只是打打電話，喝喝咖啡那樣輕鬆。實際上，他們只要清醒著，頭腦中就會思考著公司的發展方向。一天十幾個小時的工作時間並不少見，所以不要吝惜自己的私人時間，除了自己分內的工作之外，盡量找機會為公司做出更大的貢獻，讓公司覺得你物超所值。

另外，任何工作都存在改進的可能性，搶先在老闆提出問題之前，已經把答案奉上的行為是最深得老闆之心的，因為只有這樣的職員才真正能減輕老闆的精神負擔。工作交到老闆手上後，他就不用再為此占用大腦空間，可以騰出來思考別的事情了。

《致加西亞的信》中作者哈伯德強調說：「我欣賞的是那些能夠自我管理、自我激勵的人，他們不管老闆是不是在辦公室，都是一如既往的勤奮工作，從而永遠都不可能被解雇，也永遠都沒有必要為了加薪資而罷工。」

可以說，那些在事業上頗有成就的人都是對自己要求非常嚴格，而不用別人來強迫或督促。要想達到事業的頂峰，就不能僅僅在別人注意你的時候才裝模作樣的好好表現一番。任何真正的成功都是厚積薄發、積極進取的過程。

真的要想達到事業的頂峰，你就要具備積極主動、爭取第一的品格，不管你做的是多麼普通、枯燥的工作。做好自我管理，自我激勵吧，這樣，你才有機會成為管理者或老闆。那些成功人士都是那些勇於負責、令人信任的人。

優秀員工和普通員工之間有個最大的區別，那就是，前者善於自我激勵，有種自我推動的力量促使他去工作，並且勇於自我擔當一切責任。卓越的要訣就在於要對自己的行為做出切實的擔當，沒有人能夠阻礙你的成功，但也沒有人可以真正賦予你成功的原動力。

哈伯德說：

「在青少年時代和大學階段，我和許多美國年輕人一樣，透過給別人修腳踏車、賣字典、做家教、做出納等，來獲取收入和賺學費。

我曾經因為這些工作的簡單性而誤以為它們是低賤的。但事實上，正是這些工作在無形中給了我不少啟示，使我學到了許多寶貴的經驗。在商店打工時，我當時自我感覺很好，因為我能把老闆布置的任務完成了。但有一天，我正在閒聊時，老闆過來示意我跟著他。我跟在後面只見他一聲不吭，先是把那些已訂出的貨整理好，接著又清空了櫃檯和購物車。這使我感到很驚訝，其他人也覺得無從理解。我的觀念因為這件事而被徹底改變了。

它讓我明白了一個道理：除了做好本職工作，還要再多做一點，即使老闆沒有這樣的要求。這樣，我原來覺得低俗的工作一下子變得有趣起來，我在工作中也更加努力，由此我也學到更多以前不知道的事物。後來，我離開了那家商店，但是，從那裡學到的東西卻影響了我的一生，它讓我從以前的旁觀者變成了一個積極主動、勇於負責的人。

現在，我也成了企業的一名管理者，但這並沒有改變我的這一習慣——努力去發現需要做的事情，即使那不是我的分內之事。無論哪一行哪一業，只要你能這樣去做，就能夠比別人技高一籌，使你出類拔萃。」

現在，著手去做你早就該完成的事情，不要三心兩意，更不要等待幸運之神的垂青，勇敢而主動的工作吧！不要墨守成規，更不要畫地自限，要善於尋找一切工作的機會，積極主動，圓滿的完成老闆交給你的任務。如果你積極一些，你必將前程似錦。

所有問題，到此為止

人們都欣賞和欽佩那些敢做敢當、勇於承擔責任的人。同樣，在公司裡，老闆們也希望自己的員工能敢做敢當並能勇於承擔責任，因為責任感的強弱，基本上也意味著員工對公司是否專注。

所以，作為一個員工要切記：當工作中出現問題，如果是自己的責任，應該勇於承認，並設法補救。慌忙推卸責任並置之度外，以為老闆沒察覺，這種做法是很愚蠢的。老闆之所以能夠排除萬難建立他的事業，必有他的過人之處，對一些小問題的責任也自然能分辨誰是誰非。不要以為老闆都是「忠奸不分」的人，如果你已經是在推卸責任而老闆仍然用你的話，那並不說明他贊同你的做法，或許僅僅是因為他一時找不到人，而你又有其他長處可用，其實，他是不願當眾揭穿你推卸責任的行為。但是，在老闆的心中，早已把你定位成了一個並不可靠的人。

別以為只有老闆和管理人員才是負責人。老闆心目中的員工，個個都應是負責人。

在微軟裡，目前已有兩萬多名員工，人數雖多，每一個人都肩負著所做工作的一定責任。對此，比爾蓋茲說：「讓員工感到自己的責任，他們才能更大效率的進行工作，推進工作的進展速度。」

責任感是簡單而無價的。據說前總統布魯門的桌子上擺著一個牌子，上面寫著：「The buck stops here（責無旁貸）。如果在工作中對待每一件事都是「The buck stops here」，可以肯定的說，這樣的公司將讓所有人為之震驚，這樣的員工將贏得足夠的尊敬和榮譽。

在墨西哥一個漆黑、涼爽的夜晚，坦尚尼亞的奧運馬拉松選手艾克瓦里吃力的跑進了奧運體育場，他是最後一名抵達終點的選手。

這場比賽的優勝者早就領了獎盃，慶祝勝利的典禮也早已經結束，因此艾克瓦里一個人孤零零的抵達體育場時，整個體育場已經幾乎空無一人。艾克瓦里的雙腿沾滿血汙，綁著繃帶，他努力的繞完體育場一圈，跑到了終點。在體育場的一個角落，享譽國際的記錄片製作人葛林斯班遠遠看著這一切。接著，在好奇心的驅使下，葛林斯班走了過去，問艾克瓦里，為什麼要這麼吃力的跑至終點。

這位來自坦尚尼亞的年輕人輕聲的回答說：「我的國家從兩萬多公里之外送我來這裡，不是叫我在這場比賽中起跑的，而是派我來完成這場比賽的。」

職責就是他行為的準則。

不要害怕承擔責任，要立下決心，你一定可以承擔任何正常職業生涯中的責任，你一定可以比前人完成得更出色。美國西點軍校認為：沒有責任感的軍官不是合格的軍官，沒有責任感的員工不是優秀的員工，沒有責任感的公民不是好公民。

在任何時候，責任感對自己、對國家、對社會都不可或缺。正是這樣嚴格的要求，讓每一個從西點畢業的學員獲益匪淺。

工作本身就意味著責任。在這個世界上，沒有不須承擔責任的工作，在需要你承擔重大責任的時候，你應馬上就去承擔它，這就是最好的準備。如果不習慣這樣去做，即使等到條件成熟了以後，你也不可能承擔起重大的責任，你也不可能做好任何重要的事情。

巴頓將軍指出，在作戰中每個人都應付出，要到最需要你的地方去，做你必須做的事，而不能忘記自己的責任。切記，千萬不要利用自己的功績或手中的權利來掩飾錯誤，從而忘卻自己應承擔的責任。

正確的做法是，承認它們，解釋它們，並為它們道歉。最重要的是利用它們，要讓人們看到你如何承擔責任和如何從錯誤中吸取教訓。這不僅僅是一種對待工作的態度，而且也會使同事和老闆對你更欣賞和信賴。

蓋茲的撲克策略

比爾蓋茲是個具有特殊天分、好勝、自力更生、自信心很強並具有冒險精神的人。

少年時代的比爾蓋茲，除忙於讀書之外，還擺弄各種電腦。即使在進了哈佛大學之後，仍然如此。在學院裡，有很多人表面上顯得鬆鬆垮垮，被認為是建立冷漠形象的獨門訣竅。因此，蓋茲在第一學年裡故意制定了一套行事策略：多數的課程都蹺課，然後在期末的時候，再拚命的學一場。他想看看自己花盡可能少的時間，能夠得到多高的分數。他把自己的閒置時間都用來玩撲克牌，這種遊戲對比爾蓋茲自有其魅力。在玩撲克的時候，打牌的人收集各種情報——誰叫牌大膽，已經出過了什麼牌，叫牌的方式和詐牌的方式——然後綜合所有的情報，再根據自己手中的牌，決定出牌策略。蓋茲在處理這種情報時，相當高明。

比爾蓋茲認為，自己當年的撲克牌策略和金錢的經驗有助於他走進商界。即使蓋茲本人回顧自己的經歷時，也不得不承認，「撲克策略」能培養自己的冒險精神。

公司員工在面對風險時不能畏懼，也不能逃避風險，一味的逃避風險只是懦弱、膽小怕事的表現，到最後終將一事無成。那種有所作為並且成功的人士，他們都能「敢為人之不敢為」，因為只有這樣才能抓住機遇並取得高額的回報。但是冒險並不是要求你去莽撞行事，閉著眼睛胡亂去闖。在面對各種風險時，首先要能沉著冷靜，並且事前要仔細分析各種主客觀因素和條件，以及冒險所得與冒險的代價是否相當，還要分析自己的能力和水準是否能掃清障礙、戰勝困難，準確掌控風險的度；在冒險行為的實施過程中，還要周密企劃，合理籌備，精心運作，將風險降至最低程度。面對風險，要勇於冒險，但不能蠻幹、不可冒進，要敢為，但也得「能」為。

絕大多數老闆都要求員工具有積極進取的冒險精神，這可以令他的企業有更大的發展。善於處理危機的員工，儘管老闆表面上無特別褒獎，但在他的心底裡會將員工分成不同等級。具有冒險精神的員工，在他的心目中地位特殊，因為這類員工能為他的公司帶來不可預知的利益。

吉姆．伯克晉升為約翰森公司新產品部主任後的第一件事，就是要開發研發一種供兒童使用的胸部按摩器。然而，這種產品的試製卻失敗了，伯克心想這下可要被老闆炒魷魚了。

伯克被召去見公司的總裁，然而，他受到了意想不到的接待。「你就是那位讓我的公司賠了大錢的人嗎？」羅伯特．伍德．約翰森問道，「好，我要向你表示祝賀。你能犯錯誤，說明你勇於冒險。而如果你缺乏這種精神，我們的公司就不會有發展了。」數年之後，伯克本人成了約翰森公司的總經理，他仍牢記著前總裁的這句話。

勇於冒險求勝，你就能比你想像的做得更多更好。在勇冒風險的過程中，你就能使自己的平淡生活變成激動人心的探險經歷，這種經歷會不斷的向你提出挑戰，不斷的獎賞你，也會不斷的使你恢復活力，為公司創造驚人的業績，進而得到老闆的器重。

讓自己真正的不平凡

謙虛具有平衡作用，不讓我們超越自己，也不讓我們劣於自己；也不是讓我們高人一等或屈居人下。謙遜即是寧靜，使我們不致受往日失敗的拖累，也不致因今日的成功而囂張。謙遜是情緒的調節器，使我們保持自我本色。

美國第三任總統湯瑪斯．傑弗遜，西元一七八五年曾擔任駐法大使。一天，他去法國外長的公寓拜訪。

「您代替了富蘭克林先生?」法國外長問。

「是接替他，沒有人能夠代替得了他。」傑弗遜回答說。傑弗遜的謙遜給人留下了深刻印象。

淺薄的人總以為上天下地無所不知，而富有智慧的哲人才深感學海無涯，唯勤是路。

牛頓曾有感於此，他說：「他只不過是一個在大海邊拾到幾個貝殼的孩子，而真理的大海他還未曾接觸。」

在現代社會，很多人都認為謙虛已經過時了，你如果太謙虛而不敢表現自己，誰又能了解你，重用你呢？適度的自我表現是必要的而且是必須的，但是這也並不是說，要時常把自己的功勞掛到嘴邊，走到哪說到哪，這樣做就太超過了。

但是很多員工不懂得這種心理，他們往往希望自己引人注目，於是就到處誇耀自己的學歷、本事、才能，而不想想，如果別人真的相信後，當你工作出了差錯或失誤，就會被人揭穿並瞧不起。

謙虛永遠是人的美德，任何時候都不能摒棄。毫不謙虛，吹噓自滿的人，最後往往不會有什麼好結果。

某大學裡，一個系裡有兩位成績突出的年輕教師A和B，A總愛吹噓自己的成就，逢人便說又發表了幾篇文章，學術成就有多高。而教師B，總是迴避關於這個問題的提問，或者輕描淡寫的一帶而過。其實兩個人在各自的學術領域裡都已嶄露頭角，而教師B的文章更經常成為學術界評論的對象，但他始終不吹噓炫耀自己。最後，兩個人都抱著一疊雜誌到系裡申報，系主任對A說：「你整天吹噓炫耀自己發表了多少多少文章，按數量應該遠遠超過這些，實際怎麼才這麼少。看看人家，平日一聲不響，誰能想到他會發表這麼多文章呢？」最後，儘管兩人數量差不多，B卻是被升遷了。

這就是過度吹噓的結果。所以員工們要引以為戒，而不要重蹈覆轍。

知識含量豐富的人，由於對知識過於自信，多半不容易接受別人的意見。不僅如此，他們往往強迫別人接受自己的判斷，或擅自做決定。一旦這麼做，將會導致什麼後果呢？對，被壓制的人會覺得受到侮辱、傷害，而不會心甘情願的聽從。他們可能會憤怒、反抗。

因此，為了避免上述情況，隨著知識含量的增加，你必須要更加謙虛。即使談到自己有把握的事，也要裝出不太有把握的樣子。陳述自己的意見時，切勿太過武斷。若想說服別人，就先仔細傾聽對方的意見。這種程度的謙虛，是不可或缺的。要是你討厭被批評為假道學或俗不可耐，也不喜歡被認為沒學問，那麼，最好的方法就是不要故意賣弄學問，用和周圍的人同樣的方式說話。不要刻意修飾措辭，只要純粹的表達內容即可。

康庇斯曾說：「對成功不引以為意的謙虛者，非常了不起。」這句話是至理名言。勝不驕，敗不餒的確不凡。康庇斯強調每分每秒都要積極的生活，予己快樂，並與他人分享。謙虛的相反詞是浮誇和虛榮。浮誇和虛榮腐蝕人性，但幾乎沒有人逃過它們的誘惑。避免虛榮的祕訣是：勿苛求自己，勿強調成功。

做自己的好朋友，你就會成為同事的好朋友，誠如康庇斯所言：「對自己的光榮絲毫不引以為豪，你就是真正的不凡。」

電子書購買

國家圖書館出版品預行編目資料

蓋茲思維：成為微軟員工必備的思考 / 黃家銘著 . -- 第一版 . -- 臺北市：崧燁文化事業有限公司 , 2021.11

面；　公分

POD 版

ISBN 978-986-516-879-7(平裝)

1. 職場成功法

494.35　　110016351

蓋茲思維：成為微軟員工必備的思考

臉書

作　　者：黃家銘

發 行 人：黃振庭

出 版 者：崧燁文化事業有限公司

發 行 者：崧燁文化事業有限公司

E-mail：sonbookservice@gmail.com

粉 絲 頁：https://www.facebook.com/sonbookss/

網　　址：https://sonbook.net/

地　　址：台北市中正區重慶南路一段六十一號八樓 815 室

Rm. 815, 8F., No.61, Sec. 1, Chongqing S. Rd., Zhongzheng Dist., Taipei City 100, Taiwan (R.O.C)

電　　話：(02)2370-3310　　　**傳　　真**：(02) 2388-1990

印　　刷：京峯彩色印刷有限公司（京峰數位）

定　　價：350 元

發行日期：2021 年 11 月第一版

◎本書以 POD 印製